最美五套

質感人生穿搭

流行預測師的低管理高時尚法則
小衣櫥就能讓你美翻了

Emily Liu 著

各界推薦

我曾經是一個衝動購物的人。衣櫃中塞滿了不少衝動下買的衣服，放了幾年吊牌也沒拆，那當然更別說把它穿出門，最後只好忍痛送給朋友。

為什麼不穿？因為沒有穿出「我」的樣子；因為沒讓我感到怦然心動。

我看到這本書的時候，真的覺得是給女性的一個救贖。利用書中提到的重要的原理與心法，讓最美的那五套衣服，解決了限制的衣櫃空間，也讓簡單的穿衣法則造就屬於你的時尚與幸福人生。

——**布姐**（職場生涯教練／《布姐陪你聰明工作創意生活》粉專主理人）

你是每天出門前看著自己的衣櫥會感覺到「決策疲勞」嗎?!人一天中有無數的決定，光想今天該穿什麼，就已感覺累了。特別，時尚潮流總是鼓勵我們每天都要有變化，但「搭配」真的很燒腦！

這本書為我們的衣著找到一個理性有效率的全新法則：只要在自己的日常生活場景中，發掘出一種最適合自己的樣子，然後就輕鬆遵循它，不需要怕重複。因為完美所以重複，而風格得以永恆。

——**乖總編**（資深時尚媒體人／時尚Podcast《時尚腦內飛》主持人）

穿搭法則的重點，其實在於改變自己的習慣。

當透過物品來看見自己時，也同時理解挑選衣物「心念背後」的故事。本書的「最美五套」，不只是找到自己的特色，也隨著每月的經歷，重新自我升級。

讓已搭配好的「五套」去經歷這個月會遇到的人事物，然後反思、調整，並讓下個月的「五套」再去挑戰未來。

在這過程中，會發現原來自己有更多可能，因為我們使用有限的衣服，來創造出「無限的自己」。

——**廖文君**（人生整理教練）

CONTENTS

前言——

期待看到如花綻放的你

四年前的一天早上……

我微醒，朦朧中聽到窗外有雨聲，規律的滴滴答答令人安心，但下一秒鐘，安心化為驚恐，我睡過頭了！

從床上連滾帶爬地衝去女兒的房間，把二年級的她從床上半拖半拉地塞進衛浴間，希望接下來她能進入我高八度的「遠端聲控模式」，自動刷牙洗臉上廁所。我一邊衝回自己房間，毫不考慮地抓了一件掛在衣櫥最外面的洋裝，套上後，顧不得吃早餐便驅車前往學校，送走小孩後再直奔公司。

達陣之後，喝了第一口咖啡穩定我混亂的早晨，一面低頭看一下自己今天穿了什麼鬼東西——一件花色非常普通的洋裝。這件衣服我一直考慮要不要丟，所以放在衣櫥的最外面，今早也就很順手地抓起它往身上套。這件衣服沒有什麼錯，穿起來合身，但也沒有什麼對，因為毫不出色，也許我早該斷捨離這件，心裡正喃喃自語的時候，助理敲門探頭問：

「我們再半個小時就出發，OK嗎？」

我臉上肌肉僵硬：「什麼！我今天有排演講嗎？」

我不但睡過頭，還忘了今天有行程。媽呀，我今天穿得醜死了！簡直要掩面哭泣，但半個小時根本無法讓我回家換衣服。

為什麼我會這麼在意？因為我的工作是流行預測分析師，等一下要發表流行預測演講，台下坐的都是設計師和業者，打算來吸收新一季的流行概念，雖然我是要「講」流行趨勢，不是要「演出」流行趨勢，但依然自我感覺糟透了！

接下來一整天，我滿腦子都在悔恨早上睡過頭。當晚，累癱的我看著滿是時尚品的衣帽間，明明就擁有滿屋子的彈藥和大砲，真正要上場的時候，居然手上只有彈弓（氣竭）。雖然今天已經過去了，但這種狀況以後會不會再發生？我希望不會，可理智上知道一定會再發生，因為「剛好」本來就是生活中的常態，這輩子，我一定還有機會剛好睡過頭、剛好時間太趕、剛好很累、剛好心情低落、剛好今天人不太舒服、剛好忘記……

除非我能夠做一些改變，讓「剛好」也都變成「很好」，才不會再發生今天這樣的慘況。於是我毫不考慮地丟了那件洋裝，開始思考是什麼原因讓自己今天這麼狼狽地出門？

答案是「時間」，我缺少時間。

出門前，我不一定都有完整的時間可以好好地研究穿搭，尤其如果你同時還是一名母親、女兒、太太、廚師、司機、老師、心理醫生、馴獸師等角色，每次出門有時間好好穿搭的機率就更不可測。

除了計畫中的重要場合，會「慎重處理」自己的打扮以免出錯之外，其他可能就依出門當時的時間和心情，出現自認好壞球不一的打扮。如何認定好球或壞球呢？如果有人臨時請你去一個重要場合，你可以很從容地直接上場不用換裝，那就是好球。我想，在沒有特意準備下，很多人的日常都不是處於這種狀態。

水能覆舟亦能載舟。雖然當天我感受到穿著很不ＯＫ所帶來的差勁心情，但過去絕大部分的時間，我也感受過極佳穿著帶給自己一整天的力量。如果能選擇，每一天我都希望有最好的能量，可以去面對這個世界。不但好，而且還要最好，並且沒有意外。而且，我不想花時間，因為我沒有時間。

我想要達成的目標是，每天都有精彩的穿搭，但不花時間打扮，也不用先整理衣櫥。

聽起來太不真實？沒錯，但我個人有個奇怪的穴道，就是一旦感覺這個問題看來沒有人解開過，我的全身就充滿了解題的勁，所以開始研究這到底有沒有可能……

現在的我，不論是睡過頭，或出現任何緊急狀態，每一天我的衣著都是在我所能夠呈現的最佳狀態。可以讓我意外地上台演講，也可以意外地去草地野餐。完全無須花時間搭配，但每天的穿搭都出現高標準的一致性，擁有最充足的時尚能量，況且不用先整理衣櫥或斷捨離任何衣物才能開始。

每一個月我只需要五套衣服，而且只搭配一次，之後的三十天負責享受就好。

早晨起床，我的五套美麗的衣服就掛在我的房間待命，無須翻衣櫃，無須考慮穿什麼，光是那個景象就讓我感覺生活美麗有序。這種不用花力氣就已經預備好的狀態，讓我想到電影中，古代歐洲皇室公主要起床時，僕人就已經把今天最美的衣服拿來掛起在房間，等待她起床更衣。

原來只要五套衣服，心情就可以像皇室般做好萬全準備。反觀滿屋滿櫃的衣服，若只依心情或時間東挑西揀，就會穿得有好有壞或不痛不癢，出現不一致的「平民狀態」。而衣著，是每天這個世界記得我們的樣子，豈能無意識地穿搭？

我的專業，一直都是用來製造流行商品，但那天早上睡過頭的我，卻只是一個消費者。面對這個無解的題，決定用自身的專業來幫我自己解決穿衣的問題，開始嘗試各種不同的分類和管理模式，終於調整到一個美妙的平衡點。完全達到我想要的「低管理高時尚」五套衣服法則，至今三年多來，從來沒有讓我失望過，甚至仍然不斷地感到驚奇。

這個法則，可以讓你每天0秒穿搭、100分出門。而且效果從開始決定實行的第一天起，就已經呈現在個人美麗的最高點，因為你的生命每一天都值得慶祝，理所當然每天都應該美極了。

當我們拉長與單一衣物的相處時間，反而更能專注地讓自己更美。從我各種研究的角度來看，一個月正好是保持時尚鮮度的最佳期間，這個方法簡單、聚焦，完全無須先斷捨離甚至整理衣櫥，也無須添購新的物件。

更強大的後座力是，在執行一段時間之後，你將對自己有更深入的了解。

藉由每個月挑選最美五套的過程，你會更清楚哪些物品可以襯托你，哪些時尚品可能是純欣賞就好，從此不會再有滿出來的衣櫃，卻永遠少一件。如果你是忙碌到沒有時間打理自己，也會發現原來讓自己維持美極了的狀態，其實一點都不花力氣。

這種美麗最大的差別是，以往你穿的可能是美麗的衣服，但不一定是「讓你」最美麗的衣服，因為最美的衣服並不等於最美麗的你。五套衣服的時尚目的是充分展現個人的美好特質，找出對個人而言，恰恰好襯托你的時尚感。無須再依場合換裝，會讓你揮別假面人生，用最自在的美感面對每一個生活場域，這樣隨時準備好的你，也會變得很有行動力和自信，希望世界看到這樣的自己。

一旦看到自己自信美麗的樣子，是會上癮的。過去那個穿得沒什麼對，也沒什麼錯的自己，是再也回不去了。

因為對自己的了解模模糊糊，所以才會有許多可有可無、要丟不丟的衣服。根據英國的調查顯示，女人衣櫃裡平均有百分之四十四的衣服都是閒置的。衣櫥中閒置的衣服，就是你和自己內心實際的距離。因為不夠貼近自己，所以沒有幫自己做最好選擇。

但是透過每個月與五套衣服的頻繁相處，規律持續地「覺察」和「更新」，你會越來越敏銳於體會內心深處的自己，希望如何被對待。因此，找出讓自己最美的五套衣服旅程，其實也是自我探索的旅程。

當你的外表越來越接近自己的內在，而內在又因為美好的外表（衣物）給你力量，就形成一個強大的正向循環，驅使你成為你想要成為的人。當你呈現自信的樣貌，氣場就會是你的，而不是衣物的。你在生活上的各種角色，也都能夠更勝任愉快。

日本著名作家村上春樹曾說，自律的人，把生活都過成了想要的樣子。當數量只有五套，自律就容易得多。然而不是任何五套衣服，都有讓自己變美的效果。到底要選哪五套衣服，才能讓時尚成為自己的工具，而不是成為時尚的奴隸，我已經先幫你做了二十年的功課。

我從事流行趨勢預測的分析工作將近二十年，負責每一季在流行商品上市的前十八個月，代表國際頂尖的流行智庫，發表一年半後流行趨勢方向和市場氛圍。因此，長期以來，我都在流行發生的原點，對於流行的製造、運作、停留多久，有深入的了解。

所以原先看似不可能的願望，現在我把方法整理出來：

第一章，拿掉你習以為常的十二個時尚觀念。這部分可以建立你基本五套衣服原則的know how，了解「Do & Don't」，讓五套衣服呈現多樣性，放大各種可能。

第二章，如何從你現有的衣物中，選出最美五套？我自創的洋蔥選衣法，不僅可以讓你輕鬆達陣，而且也會讓你知道自己有哪些購衣地雷，從此不再買不會穿的衣服。

第三章，除了對外的五套衣服，還有你對內的小日子。和五套衣服搭配的，還有穿給自己看，給自己力量的衣服，讓你運用衣服幫自己充電，蓄飽能量，把日子過好。

第四章，穿衣的時尚標準到底在哪裡，以及衣服能幫你達到什麼目的？這裡一次將模糊的觀念講清楚。一旦了解，知道為何而穿，為何而買，就不容易衝動購物，人云亦云。

第五章，五套衣服要能夠每月更新，產生無限大的可能性，還有待有你全新的眼光。以我長期從事趨勢觀察的經驗，建議如何能夠讓自己不斷地被更新，及跳脫習慣，培養自己對周遭的敏感度，才能看到一個前所未見的世界。

我認為一個好的原則，應該是任何人都適用，但應用出來以後都是不同的風景。無論你的時尚指數為何，五套衣服的原則不是把你變成任何人，而是需要找出自己最美的面向，衣服只是你的工具。當你開始調整習慣貼近自己時，記得每一次一小步，穩定且持續。

穿衣的標準，應該是讓大家看到一個獨特而美好的自己。五套衣服的旅程，可以讓你了解自己的心理、身體，品味，正確地在流行中去選擇適合你的衣物。當你真的「看見自己」，這個世界也會看到你。

希望你馬上展開和自己的嶄新旅程，你將會成為自己最好的朋友。也期待看到從裡到外如花綻放的你，而不是衣服。這是我長久從事流行預測工作以來，最希望能夠回饋的事。

1

用五套衣服改變你的十二個穿衣習慣

低管理高時尚法則

一個月五套衣服就夠？是的，不但夠，還會讓你比原來更好看！

我相信此時你一定充滿了問號和懷疑。

當然不是任五套衣服都有這種效果，不然你現在就不會有這麼多衣服但還是覺得少一件。因此在執行五套衣服之前，有一些解說，讓你了解能夠讓你身心安頓的五套衣服必須具備哪一些條件。而這些先決條件，還包括一些觀念的改變。

閒置物品的累積，向來都不是買的初衷。我認為沒有人不想花更少的時間，但卻變得更好看，也沒有人不想買更少的東西，卻變得更漂亮。只是大家覺得時尚和流行這檔事，好像看起來沒有一定的章法。

這些是根據我長年觀察流行趨勢的經驗中，所歸納出一些應對的法則，目的是達到最少的管理和最佳的時尚效果，等於是把武功祕笈一次整理完，第一章裡列出十二個普遍需要改變的觀念，相信對你會有幫助。

NO 這件衣服超百搭的，可以配搭出十八種造型

YES 百搭其實是白搭，你只需要五套衣服

不知道自從什麼時候開始，衣物如果能夠具有「百搭」這個美德，好像就會是萬年不敗的投資，可以說服很多人入手。許多雜誌或網路上的穿搭建議，都可以看到這類衣服可以百搭的主題，強調用該件單品可以配搭出幾十種造型。因為出現得太頻繁，為了強調該件有多麼平易近人，如果你隨便估狗一下，還會有「史上最強百搭」、「地表最強百搭」、「宇宙最強百搭」、「衣櫥最強百搭天王」。

但是再多的搭配，你也只能穿一套出門！再說一次，只有一套！大家只會看你身上這一套好不好看，是不是還有其他N種搭法，真的一點都不重要。所以能夠搭出很多套，只是純粹一種自我心理的划算感受。「能夠百搭」和「好看」之間，其實並沒有任何直接的關係，而且，我們穿衣服，就是為了好看，而不是划算，不是嗎?!

而這些划算到頭來如果都沒有讓你更好看，「百搭」其實是「白搭」了！

百搭衣的缺點之一，是之所以能夠成為百搭的單品，必須不是太有主張的顏色或圖案，因為是配角所以超級不搶戲，才能每齣戲都可以有它們的份。但用這種心態去決定衣服，漸漸地你會擁有很多特色不明顯，沒有什麼錯但也稱不上能展現個人特質、可有可無的衣服。在每個人的舞台上，我們都應該是自己的主角。你要用女主角的態度在外面走跳，便應該穿能夠真正讓你發光發亮的衣服。

衣服本身沒有原罪，但不要為「百搭」而買，要為「穿起來最好看」而買。這件衣服和你搭配的下身，是衣櫥中讓你最好看的衣服組合嗎？不是的話，多百搭都不重要。

百搭衣的缺點之二，是百搭每次穿還是要花心思時間搭配，這不符合我要的低管理原則。所以如果進入五套衣服的法則，你會和百搭的單品說再見。

「五套衣服」的邊際效應最佳

所有我的原則就是：時尚決定越少越好，少到不能再少，而流行感卻不打折，甚至更好。

這裡的邊際效應就是把時尚決定和時尚效果用橫軸和縱軸來區分。我覺得「一個月五套衣服」達到的邊際效應最大，每個月只做一次重要的五個搭配決定，完全不需要每天傷腦筋。五套對應星期一到五的周間五天，剛好是可以一周不重複的穿著。因此在一個月當中，單套在周間出現比率是一個星期一次，一個月是四次。如果是你極好的樣子，何妨讓大家印象深刻（比起不重複的普通樣貌）。以我的經驗，一個月和五套穿起來非常好看的衣服相處是相當舒服的，為了找到最大的邊際效應，我之前也曾試過更多或是更少的件數，但還是以五套衣服的效果最佳，完全沒有不夠用，或是穿得很膩的感覺。

千萬不要相信花的時間越久，你就會越好看。舉一個真實的笑話：初次約會如果遲到太久，女伴的妝容可能越來越恐怖，所以千萬不要遲到。因為本來已經畫好的妝，時間一多就想要補個眼線，再補個腮紅，也許還可以加個假睫毛，再拍一層蜜粉……最後當約會對象出現時，自己其實搞得比原先還醜是有可能的事。所以關於外表的打理，寧可是有目標的聰明搭配，即使你很有時間，每天早上可以站在鏡子前花很多時間打扮，也不見得效果就最好，更不要說有時還會遇到得匆忙出門的狀況。

因為選擇是一個耗費心思的工作，每做一個決定，都需要消耗你的精力，當你做了太多瑣碎的決定（人一天當中一定不會只做要穿哪件衣服的決定），決策品質就會下降，心理學家稱為「決策疲勞」。

前美國總統歐巴馬曾在接受《浮華世界》雜誌採訪時表示：「我都只穿灰色或藍色西裝，我試著要減少選擇，不想為了要吃什麼或穿什麼而花心力做決定，因為我還有很多決策要做。」當我想到歐巴馬的時候，腦中確實也無法浮現他穿著其他衣服的畫面。腦中扎扎實實的就是他穿著合身的藍色或灰色西裝，修長筆挺的樣子。如果他每天都要重新想今天要穿什麼好，他的好看不會如此的穩定而一致。

大家看到這種例子的時候，常常只會注意到「穿著選擇的數量減少」，但忽略了「這必須是個最好的決定」，如此一來你的堅持才有意義。歐巴馬的灰色和藍色西裝的決定，是和白宮專業造型師慎重討論的結果，以及多年公共形象的經驗。對歐巴馬來說，確實是個極好看的樣子，他做了很好的決定。同樣以不想浪費時間聞名的賈伯斯，對美學有極嚴格的要求，每天雖然穿一樣的黑色高領衫，卻是好友名設計師三宅一生的傑作，兩人共同信念都是極簡風格，對三宅一生的建議，賈伯斯也做到了對自己極好的決定。

唯有練就做好決定的能力，才能夠很有自信地說「我只要這樣就夠了」。

如果我們集中精神，每一個月，好好花時間很慎重地做一次衣物的決定，幫自己選出這個月的TOP5，這個決定的品質會比匆忙的三十次還好。

而因為好看，所以可以重複。經過每個月練習取捨，五套衣服的原則會培養出幫自己做好決定的能力。同時保有太多選擇，會讓自己失去去蕪存菁的能力，有時很好看，有時普通好看，隨著時間流逝，漸漸地自己最美的那個面向也模糊了起來。所以從現在起，將精神用在幾個好的決定然後持續享受它的好處，是極為聰明省力的作法。

和「最美五套」的深入交往

自從我開始最美五套的原則後，整個月都生活在極適合我的衣物選擇中，在重複穿四次後甚至會有點捨不得它們，感覺有說不出的革命情感。我想這是因為花時間和我們的衣物相處之後所產生的連結。與衣服的相處其實和人相處很像：衣服在買的當下絕對都是愛不釋手，但相處時間一多，評價就會改變。不是更愛它，就是想淘汰，愛恨分明，沒有第三種想法。

這讓我想到學生時期有一次參加了長途健行，出發前教練提醒要檢查襪子有沒有不舒服的地方，我心想襪子穿起來不是都很舒服嗎？結果健走幾天下來，原來當襪子與皮膚摩擦了幾十萬次後，接縫中原本無感極淺的線頭都足以讓腳皮破血流！望著傷痕累累的腳，才恍然大悟，我之前無感是因為沒有長時間穿襪運動的經驗，和襪子很不熟所致。

所以你對衣櫥的衣物沒有這麼清楚的感覺，大部分都是因為和衣物相處不夠久，買來閒置的時間比較多。因此斷捨離時也拿不定主意，甚至還要提起勇氣才能決定該丟該留。實行最美五套法則前，因為衣櫥內的衣物很多，所以穿著次數大都蜻蜓點水談不上熟識，但當衣物反覆穿著後，我也更能感受到每一件衣物是否真正契合我的人和生活。不知不覺，馬上就能果斷決定衣服的去留，好像一直模糊的鏡片現在都擦乾淨了，推開眼前不適合我的帥哥，手刀去尋找下一個能夠相處一個月的對象。（而且你還可以同時交往五件！）

一旦如此就會增加幫自己挑選下個月五件衣物的敏銳度，慢慢你的門檻就高起來。越來越能根據經驗選出可以和你長久相處的衣物，藉著五套衣服不斷地進化了解自己，你的購衣習慣也會跟著改變，每個月的調整幫助自己提高美的標準。

這是之前在匆忙選衣時無法體會的，最美五套讓我們精進對衣物的選擇。因為當一個月只能保有五套衣服的時候，很多因素你都會開始仔細列入考慮，尋找哪些衣物才具備真正和你共同生活的條件。

最美五套的機動性

要澈底改造整個衣櫥很難，但只要好好計畫五套衣服是隨時可以的行動。由於最美五套的目標是眼前的一個月，穿衣服的選擇更能緊貼這個月你的身體心理和環境狀況。僅僅五套也充滿了機動性，很容易依臨時的生活型態而調整。也許你剛好這個月休假，想要穿得比較休閒自在，你的五套衣服就可以不同於上班的需求。

改變最大的莫過於出差打包行李，以往我總是想涵蓋各種場合的衣物，最後常常在猶豫該帶還是不帶，帶了又後悔白帶，徒增行李重量。現在事情變得輕鬆極了，最多把衣架上的五套衣服放入行李箱，即可應付一個小於一個月的旅程（只要你沒去相反的北／南半球）。這種機動性，讓你隨時擁抱變動，凡事更積極，而且毫不花力氣。

生活型態突然改變，最美五套原則也方便立即調整，像美國因為疫情吃緊，突然大家都被要求在家上班，為了符合我的生活型態，第一時間就調整自己的五套衣服為 1.不用送乾洗（減少接觸） 2.款式適合開視訊會議（仍需要有正式感） 3.但也方便在家活動的衣物（便於家事公事交錯）。一般而言，下一個月的生活是大部分的人都可以掌握的，用這個基準找出五套適合衣物的難度，遠比設想整個衣櫥小得多，也有效率得多。更新整體的衣櫥去配合自己的生活彷彿是叫大象跳舞，令人沉重到馬上想放棄。但精簡的五套衣物則可以讓你隨時靈活地貼合生活步調上的變動。

想像每天醒來，就已有五套最適合你的衣物預備好放在衣架上，不必打開衣櫥大海撈針，也無須再花任何功夫。**在這個月裡的每一天你都已經預備好了最佳姿態去面對，感覺真的是很美妙。**這就是我每一天起床的畫面。光是看著衣架上掛了五套我最愛的完整衣物，這個景象本身就令我喜悅，一種生活上的秩序感也油然而生，因為之前花了時間精力，仔細挑選搭配最好的五套穿著，現在每天都可以享受這個美麗的成果。

不論今天的挑戰如何，你都已經準備好用最美的樣子展開新的一天。

NO

趁換季整理衣服

YES

一個月檢閱一次整體衣物才是恰當的頻率

大部分的人想必都是在換季時檢換衣物，有時候換季天氣變得又快又急，氣溫突然拉高或降低，讓你意識到你的夏衣太單薄，需要拿出外套，或是衣服太厚重，需要更輕薄的上衣。基本上因功能性的需求，會催促著你將衣物換季。以台灣的天氣來說，春秋季並不明顯，所以如果照時節換季，可能半年才會把衣服整體檢閱一次。習慣好的人，換季的時候會順便淘汰一些衣服，所以頻率大約是一年兩次，當時尚還是以一年傳統春夏和秋冬兩季更新商品的時代來說，這樣的速度是合理的，進貨頻率和淘汰的頻率基本上還算是等速——但那是在二十年前，網路還沒有盛行的時代。

目前普遍買衣服的速度快多了，時尚界出新款的速度早已不是一年兩季出新品，大家所熟知的快時尚，甚至因為天天可以出新款式而受到市場的熱烈歡迎。購衣不光是為禦寒蔽體等基本功能，我們還會為了各種場合、心情去買新衣服，以致買衣的速度已經以光速進行。但如果你檢閱整體衣櫥的時間還是以衣服的厚薄交替頻率來進行檢閱和淘汰，等於是以光速進貨，淘汰卻用遠古的慢速進行。導致最後得進行斷捨離，因為累積太多沒有處理所造成的閒置品項，才會需要像排毒一樣，一次來個大快人心的清除。

當你開始使用最美五套法則一段時間後，會發現也不用整理衣櫥了。在我執行這個法則一年後，衣櫥大約瘦身了百分之七十。不是轟轟烈烈的斷捨離，而是在每個月，為了挑選最適合自己的衣物時，很清楚、不猶豫地順便捨棄了一些不適合的衣物。就這樣一年之後，我的衣櫥大約只有原本衣物的百分之三十，而且每一件都是可以上場「最美五套」選擇。這種感覺就好像沒刻意減肥，不知不覺就瘦了，是不用靠意志或決心就能維持下去的好習慣。

因此，一旦開始最美五套的法則，你必須每個月好好檢閱一次整體的衣服狀況，這是很恰當的頻率，也會建立起比較健康的衣櫥消化系統，對你所擁有的衣服有更清楚的掌握。這種感覺就像每天早上起床都有量體重的話，其實比較難突然暴肥。如果我最近都吃得很凶，就會連眼光都迴避體重計，同理，你如果正在亂買，也會很排斥去整理衣櫥。因此一年或半年才檢閱一次衣櫥，狀況可能就難以控制。

那麼，在檢閱整體衣物的時候，除了把不喜歡的淘汰掉，到底還要做什麼?買入新的衣物，最重要的還有符合季節的時尚感，以下有一些原則可以參考。

季節更新like a pro

大部分的品牌在發展每一季的商品時，並不是全部從一張白紙開始設計。而是根據上一季的銷售數字，保留自家業績長紅的主力商品，然後適量地加入新季節的元素去更新。基本上服裝的設計目的是商業行為，是為了市場銷售而非創造藝術。品牌為了確保既有的客群會繼續垂愛，一般來說不會天馬行空、輕易地大幅度改變風格走向。譬如一個女裝品牌，在眾多銷售品項中，針織類品項顯然是最受顧客喜愛的商品，貢獻相當多的業績金額，那麼該品牌在新一季仍會繼續銷售針織品，只是要思考如何把新色放入新的針織系列，而不會因為新的流行，就驟然不賣針織改賣別的品項。另一個女裝品牌，如果在都會套裝上有很好的業績，則會繼續發展套裝，但在布料圖案上做新季節的裝飾變化，因為這些是品牌的主力商品。

大致而言，一般的品牌大約百分之七十都在花時間「更新」他們的主力商品項目，百分之三十甚至更少比率在開發變化大的「話題商品」，發展目標客層可能也有興趣的新嘗試，或是吸引原本非目標客層的新客戶。通常更新的主力商品是業績的保障，話題商品則是為了媒體曝光，櫥窗擺設等宣傳吸睛的功能。

了解這樣的道理後，你也可以用同樣的方式來經營更新自己的五套衣服。你不會永遠少一件衣服，也不需要汰換所有的東西，但仍然能創造新意。每一季真正需要優先購入的，是可以和你原本衣服顏色互相搭配、產生新意的單品，譬如也許是一件這季新色的套頭毛衣，配上你原本的冬天外套，整體就能更新成這一季的流行配色；又或許是一個新色的小包包，能和你所有的衣服搭出新的顏色組合。不斷練習各種新品與舊品之間的顏色碰撞，你就會變成搭配高手。

要更新整個衣櫥的任務太龐大，但只更新你要穿的五套衣服，這樣的目標應該是容易達成的。首先，必須確定要更新的舊衣服真的都適合你，如果不確定，就不要再花心思購買更多品項來讓它起死回生。通常會讓你猶豫的，就表示這不是一件最適合你的衣服。

記得，不只要適合，要最好看。

然後一季當中，也可以買幾件對你而言，是真正新嘗試的衣物，就如同品牌每季新開發的話題商品。**這些單品不用多，但每一季你都應該根據對自己又進一步的了解，讓自己有與以往不同的流行新嘗試，不要再買過去熟悉的選擇**。假設你是條紋控，我相信你已經擁有很多這樣的單品，真的不缺再買一件。有意識地購買對你而言是新的嘗試，但務必出於對自己的了解去下判斷。這種練習會讓你走出自己的舒適圈，真正做出變化。而不會買來買去，因為同質性太高，感覺還是少一件衣服。**鼓勵自己嘗試真正新的概念，這就是對自己做研發**。

就如同企業中的「研發」都保有犯錯的空間，在買衣服上也要把錯誤的嘗試，當作是正面的經驗。了解什麼不適合你，也是一種收穫。雖然基於自己的最佳判斷，還是會有買錯的可能，但不要因為這樣而不敢嘗試沒有穿過的衣物。猛買自己熟悉的衣物才是最浪費的，因為你沒有得到任何「新意」。至於五套衣服當中，有多少比例屬於新的嘗試，則完全取決你的個性及需要。這種新嘗試，最好控制在自己舒適的價格帶，因為若是不合適或者季節流行感太強需要汰換也不會心疼。**時尚品不是骨董，你必須面對會淘汰的事實**。所以不要一次買很貴，然後抱著準備享用到天長地久的概念，而是選擇對你而言合理的價格帶，然後限制數量並定期淘汰物件。

如果用一季的概念去思考整個衣櫥的更新，這個挑戰太大，很容易就會繼續買你直覺想買的衣物。但聚焦於只更新五套衣服則是相對容易，於是五套中也可以有些新裝，有些是具有新意的舊裝，當你配出這樣的五套樣貌時，會有相當大的成就感，而且可以享受一個月。**這才是你有自己穿衣主張的開始，發掘自己美麗的面向和更多的可能性也是一種能力**。做多了，這種能力就越來越好。

反應時節是好的投資

我有一次去醫院診間掛號，漫長的排隊等待讓大家有點無奈，但排在前面的人卻沒有一絲不耐煩的表情，從隊伍中隱約聽到遠遠傳來的掛號小姐溫暖悅耳的聲音。輪到我的時候，我眼睛一亮，看到狹小的櫃檯背板上有著顏色豐富的裝飾，那時應該是十一月，背板上的主題是秋天，有各種黃褐色的秋葉、亞麻稻草人、咖啡枝條、深橘的南瓜裝飾、金色的燭台……這不是一般商業場所制式的擺設，絕對是她的個人巧思。結果本來要詢問掛號的事，卻變成：「哇，我好喜歡你的秋天裝飾，顏色好豐富喔！」聽到我真心誠意的讚嘆，她興奮地說：「你知道我怎麼做的嗎？我是一層層加上去的。九月先用黃色秋葉，十月再加上深橘的萬聖節元素，到十一月加入更深的秋紅和咖啡色，漸漸進入節日我再加上金色……」這就是她創造的與四季呼應的小宇宙，而我們每一個人都感覺到了。所以診間裡沒有催促，只有溫暖的笑意。

我常常聽人抱怨，上班好無聊，只想等放假出國，或是台灣好無聊，沒有下雪也感覺不出四季。如果連一個這麼無趣的掛號診間，透過巧思都可以過得這麼有時節感，我想過日子的趣味，真的是靠自己創造。不論在多麼侷促的空間，你都有辦法為自己創造出一個反應四季的宇宙。

我們的穿著又何嘗不是這樣呢？**讓每個月的穿著對應時節調整，穿出和這個世界的連結也是一種好好生活的態度**。周遭的人也會因此感覺到你帶來的連結，容易因你的存在而感到愉悅，好像生活中也注入了新鮮感，因此每個月計畫你的五套衣服時，最好也呼應時節，月月更新。

五套衣服月更新：考慮季節

上帝創造四季，但人類創造換季。

以一年四季來說，其實一個季節也才三個月。你的衣櫥內對於四季的反應夠鮮明嗎？很多人覺得住在亞熱帶的台灣，四季並不明顯，除了溫差較大的夏冬，其他感覺都一樣。但四季有其節奏感，穿衣服其實就是反映這個時節和環境。流行趨勢中很多的靈感都是在反映時節和自然，如何讓自己每個月的時間都調整得更貼近時節，春夏秋冬應該也要在你的身上有所表現。

如果你是在都市叢林中，每天待在辦公室裡，那更需要有反應自然和時節的能力。以流行趨勢來說，雖然每一季都有新話題，但是呼應季節的主題永遠存在，秋冬必有咖啡和橘黃交錯的大地色系，春天則是花開的粉嫩顏色，夏天離不開沁涼的白色。雖然每季都有新的元素，但這些春夏秋冬的基本規則是不會變的，找出你所喜愛的單品，然後依照季節和流行更新這些基本元素，不需每一季都歸零開始。

五套衣服月更新：考慮節慶

五套衣服的月更新，除了考慮四季還包括節慶活動。

許多節慶其實有著更清楚的顏色特徵，以美國來說，萬聖節的橘和黑色，聖派翠節的綠色，復活節的彩蛋般的淺粉紅和淺藍色，Mardi Gras節要戴金屬光澤的彩珠項鍊；而台灣年底的聖誕節和過年，都離不開紅色。尾牙聚會、你自己和家人的生日、特殊紀念日等等，可能也都偏好閃亮或有點盛裝的華麗感，以上這些舉例，都是日常生活中的活動，早就有固定的規律。

而每年流行商品的製造，也都是跟著這樣的時節節奏進行安排；也許是春裝上市，也許是情人節的甜蜜主題。流行雖然天天出款，看起來多變，但當你走進百貨公司，或翻開各種流行雜誌，仍然是以每年重複的節奏在進行商品的行銷，而且大家還是會搶購，衣櫃裡永遠少一件。不然服飾業怎麼能每年製造八千億件衣服到市場上，同時還可以成功說服你還少一件衣服呢？

四季時節的活動交織出我們的生活，這些不是半年才發生一次，如果你半年才檢閱一次衣服，就會造成一直在買衣服的狀況。所以每一個月，請預先想好自己當月有哪些時節上的活動，再讓你的穿著與其輝映。也就是說，如果你投資了一個恰當的衣物，只要稍微更新，其實每一年都可以重複使用。譬如過年或聖誕節一定會出現的紅色，如果你已經有極適合自己的紅色洋裝，就能透過找配件來更新搭配，像我個人非常不喜歡穿紅色，就會轉而投資正紅色的包包或紅色系的項鍊飾品，在需要紅色的聖誕節或喜慶時拿來使用。

這些都是可以事先計畫的穿著，會避免你臨時像無頭蒼蠅一樣覺得需要添購一件應景的衣物。一個月一次的企劃選擇，既不累人，又可以維持穿著上與環境連結的脈動。每個月五套衣服中，選上應景的衣物，和時節環境相連結，也是一種快樂的形式。

NO 站在衣櫥前要麼站很久，要不總是拿那幾件

YES 每天別再去衣櫥挑衣服

也許你很討厭整理衣櫥，所以衣櫥只進不出；也許你很勤於整理衣櫥，常常東翻翻西看看，總是能找到什麼可以淘汰的東西。不管你是哪一種類型，**整理衣櫥像永遠拿不到的學分——永遠都還在努力中**。這讓我想到有一天，在外面看到鄰居凱瑟琳，她一動也不動地杵在那兒。我問她：「嗨，凱瑟琳，你還好嗎？」然後一起並肩看著她注視的方向，想看出個端倪。我問：「所以你到底在看什麼？」她說：「我在欣賞我的房子！終於頭一次，這個夏天我沒有

什麼需要修整的地方，它（房子）終於完美了，但不知道這會維持多久，所以我想站在這邊欣賞一下。」

我發現這也是我對我的衣櫥的感覺。

八年前我第一次開始斷捨離物品，當時開心地將衣物井然有序地收納進終於不再那麼擁擠的衣櫥，由於顏色配置是我的強項，我開始把衣物色系陳列得非常專業，甚至還有空間可以擺放飾品，每個包包都能「呼吸」還擁有自己獨立不重疊的「停車位」，我可以在衣帽間裡轉圈圈，甚至擺張小桌來個下午茶都沒問題。

但，這樣經過整理的衣櫥有讓我出門的時候更快速，整體打扮更完整嗎？答案是否定的，因為每一次要換穿衣物，我就會在衣櫥前欣賞自己的傑作——光是這個動作就可以讓人迷失，不知不覺花掉很久的時間。所以不論你的衣櫥是擁擠不堪還是陳列完美，等到出門時只要你站在衣櫥前面，就是人生複雜的開始。但是有了最美五套後，你便不會再迷惘了！

「最美五套」讓你重新檢視衣櫥功能

目前，我每個月五套組合的服裝和所需要的全部配件，都不是掛在衣櫥裡，而是另外準備了一個有滾輪的吊衣架放在臥室中（長度只要能掛五套衣服即可）。每天眼睛瞄到目前服役中的五套花色各異的衣服，正準備要服務我時，光是這個影像就讓我覺得生活秩序建立起來了，無形中有股穩定的力量。我隨時都可以出門，隨時都是準備好的狀態，當我看到想要購入的時尚品時，腦中就會浮現目前吊衣架上的五套衣服，合不合適，馬上可以定奪。

只有在為下個月的五套衣服做時尚決定的時候，我才會在衣帽間待比較長的時間，看看目前的衣物是否需要淘汰更新。開始最美五套的原則後，也讓衣櫥內的衣物數量大幅度地降低，因為從經常使用的五套服裝中，我終於了解，衣櫥內很多閒置和捨不得割捨的衣物，其實都是沒有存在必要的。持續實行最美五套的原則，你的思考就會越來越清晰。

這個概念像圖書館，每天站在衣櫥前面就像站在圖書館浩瀚的書櫃裡選書，你不知道要多久才能走出來，也許趕時間就抓一本最靠近走道的。如果每天要看書就每天去圖書館借，這不是很浪費時間嗎？所以通常我們會把這兩個星期想看的三本書先借走，之後每天有空就從這三本翻閱。

同樣的道理，我們慎重地把這個月要穿的五套衣服從衣櫥借調出來，之後的三十天就不用再造訪衣櫥。而隨著這個習慣的養成，慢慢就能建立更貼近生活的穿衣和購衣習慣，將來有一天整個衣櫥裡應該都是每個月你直接可以拿出來的選衣。如果是這樣，你需要的套數也是有限的，該淘汰或購置的數量也變得很清楚，離衝動購物也會越來越遠。

以「最美五套」檢測衣櫥內色系的分布狀態

我的五套衣服是完全不同的色系主題，即使重複出現，依然可以讓自己保持新鮮感。當你做五套決定之前，在衣櫥的整理上，我會建議先依照色系排列，原因不是看起來美觀，而是一經排列，你立即就會看到，排列出來的色系不可能是各色平均分配的，因為每一個人對顏色的喜好各有不同。你可以藉此觀察自己的傾向，一旦色系越發集中，配搭出來的多樣性就會比較低，很容易乍看起來都差不多，於是就會再去買一件新衣服，陷入永遠少一件的輪迴。

色系排出來後，如果同質性太高，比較快更新的方式是購入當季能夠互相搭配的新色小包或是配件單品（後面章節會進一步討論包類配件的選擇方法），讓全身色系能夠有不一樣的配色組合。另外，提醒自己可以多發展新嘗試的色系。比起更新整個衣櫥，更新五套衣服的多樣性會比較容易控制，盡量讓五套衣服的品項雷同，但顏色主題在你可接受的範圍內要多樣化，至於不同到什麼程度，沒有一定的標準，只要對你而言這個變化足夠維持新鮮感就夠了。因為我所謂的新鮮感和你可能不同，也許大蓬袖的洋裝版型對我才有新鮮感，但也許上衣有別致的不同領型對你就已經是不厭倦的變化。什麼樣的變化對你來說是新鮮的，重複穿著卻不膩，是很主觀的感覺，因此要細細感受，嘗試抓出你需要的五套的差異性。什麼程度最恰當，每個人的答案都不同，甚至隨著最美五套原則的使用，你越來越有主張，自己每個月的看法也都不同。

但，只要有滿足你變化上的新鮮感需求，真的，五套就夠了！

NO 用「件」當衣服的單位

YES 從現在開始請用「套」

大部分的人在購物時都是單件購買，這也難怪，因為商品販售的時候，都是一件一件標價，因此每一個單品就是一個單獨的決定。從一件好看的上衣，一個新款的包包，一件好看的長裙，一件經典的風衣等等。

要穿上剛購入的單品時，我們花時間為上衣／下身／外套在衣櫥尋找適合搭配成套的顏色和款式，好不容易找到上身和下身的好朋友，搭配出幾種好看的樣子，這時又猶豫當中的區別：好像搭這件花的比較好看，搭那件素面的也還不錯……於是我們花更多的時間考量和比較，到底搭哪一件好呢？又或者還要考量出門當天心情、天氣、活動。

因此，除了買衣服時已經花時間思考要不要購入，買進來後的每一次穿搭又要再花時間決定。即使喜愛配搭衣物如我，也可能迫於出門趕時間，最終還是穿上習慣的衣服，因為日常生活中，我們通常並沒有這麼多時間可以潛心選擇。更別說買來的單品和衣櫥內的衣服搭配不盡理想的時候，又成為下次購物的理由，於是衣櫥內便充滿著各自表述的上衣和下身。

可見我們在做時尚決定的時候，大部分時間都花在思考「搭配」。但搭配得好不好，和花的時間沒有絕對的關係。並不是排列組合越多次，思考得越久我們就會穿得更好。所以如果能夠確定一個好的選擇，之後就無須再花時間搭配，會是一個完美的作法。因此，最美五套法則就是一個能夠低管理高時尚的好選擇。

打從要買的時候就以「一套」當單位來思考，不是一件。上身和下身必須是彼此的首選，因為是首選，所以不做他想。衣服購入及穿上都是以套來思考，搭配一次就好，以後就這樣穿。因為你只需要五套，就算用的是百搭款，從此它也只能搭最好看的那一件當作一套。如果配不出來，當然就不會是五套的首選。

洋裝是低管理高時尚首選

夏天我覺得是選擇最輕鬆的，因為我五件衣服的選擇，完全都是洋裝，全身上下一件搞定。

洋裝對想簡化選擇，同時極大化時尚感的人而言，簡直就是救星。一件衣服就是完整的主題，完全不需要煩惱上衣該配哪件褲子或裙子。在我實行最美五套以前，洋裝只是衣櫥裡的其中一個品項，現在夏天卻是我唯一的選項。

其實每個人都嘗試過五套衣服法則，那就是出差或旅行的時候，不想讓行李太重，又不想都穿一樣的。可能是三件下身想要勉強搭上五件上衣，湊來湊去，很傷腦筋。但我現在打包唯一要做的，就是把服役中的五件洋裝放入行李箱，耶，幾分鐘就能完成，而且每套都不同，這就是洋裝美妙之處，夏天的我，每天都可以這麼輕鬆愉快。

因為洋裝的花色從上到下的延伸性，讓整體的設計感不會被分散和干擾，主題傳達沒有雜訊，加上無須花時間搭配，可以說是低管理高時尚的首選，這也是我偏好洋裝的原因。

一般想要用上身下身搭配出和洋裝一樣完整的效果並沒有這麼容易，因為大部分女性的褲子或裙子不如數量上衣多，所以常常可能都是配得過即可，不盡然都呈現完美的整體感。我常常看到女性的打扮是「半個主題」：上面是精彩的上衣，但下身好像假裝不存在。譬如，不論上衣為何，每件都搭配基本色的長褲，或牛仔褲。又或是因為擔心上衣太有主題不好配，乾脆從上到下都變成配角。但這樣上下遷就的效果，就沒有洋裝從上到下完整主題的氣場來得強。

不過這裡說洋裝的效果最佳，是指以同樣的花色為基準，洋裝的整體感比上衣強，並非「只要是洋裝都能打敗任何上下組合的單品」。近年來還有一些流行的衣服品項如jumper（連身衣褲），也具有從上到下花色延伸感特性，但jumper版型的適穿度不如洋裝來得廣，能夠穿得好看需要一些挑選技巧，如果你剛好是jumper達人，當然也可以將這種無須搭配的品項列入你的五件選擇中。

也許你從不喜歡穿洋裝，但我深信無論你的身材品味個性如何，世界上總有一種洋裝是為你而設計，如果你還沒有開始探索，建議可以嘗試看看。

用「套」當作衣服的單位

冬天的時候，我的最美五套中洋裝的比例會降低，並加入成套的組合。因為美國東岸冬天非常寒冷，溫度常是零度以下，在外面時，冷空氣很容易從洋裝下方鑽入。不管是基於天氣或個人喜好，即使洋裝不在你的舒適圈裡，偏好上衣和褲子或裙子的選擇，一樣可以使用低管理高時尚的原則，但請將其搭配成套，盡量讓整體可以達到像洋裝一樣有完整主題的效果。

無論是買來的時候就搭好的完整上下一套，或是你從衣櫥中自己配搭的一套。總之，要用「套」的觀念去看你的衣物，不是用「件」。即使這件上衣可以搭配很多件褲子或裙子，也請選一套你覺得最好的，這個月固定就是這一套。所以我所說的一個月五套，必須是「完整且各自獨立的五套」，在當月彼此之間沒有共同使用的衣服，但配件類可以重複搭配使用。

一旦注意到衣服上下的整體性，你就會開始思考，這件上衣還有更好的搭法嗎？也會想觀察時尚的搭配中，有沒有什麼讓你眼睛一亮也很想嘗試看看的組合呢？當你這樣想的時候，就開啟了一道大門，研究自己有沒有**更好**的選擇。因為只有五套衣服，焦點很清楚，一旦發現有更好的搭配你也可以隨時替換。無論怎麼穿，都會比以前沒有考慮整體感的穿搭更好看，所以對自己的判斷也要有信心，你不是和其他人比，而是和自己以前比，只要現在是在你覺得的最好狀態，就足以抬頭挺胸。

錯的方式有一種，但對的方式有很多種。沒有整體感的觀念是錯的，但怎樣的整體感是對的，你在每一個時期的答案可能都不一樣。如果你持續這麼做，自己呈現的美感會越來越好，雖然腳步看起來很舒緩，但唯有持續地覺察和調整，你的蛻變才會有自己的樣子，時尚品味本來就是流動的，這是一個旅程，你會發現自己每天都在改變，這就是一種生命力。

以套為單位，進化衣服取捨的標準

這個強調整體感以便管理的重點，也讓往後我買新品或決定舊品的去留時，標準變得很清楚。我在多年前斷捨離後仍然留下了許多喜歡的單品，每件各有我所喜愛的特色。但自從採取最美五套的方法後，我重新檢視各樣單品，如果幾經嘗試，仍然沒有辦法讓上下搭配形成一個完整的主題時，無論我多喜歡這個單品，都會選擇割捨。因單獨各自美麗的單品若無法成套，整體看起來就缺乏完整性，自然不會在我的最美五套的選項中，一定會遭到閒置的命運。在我實行用最美五套之前，情感上往往覺得「我會穿它」，但實行之後便讓我看清楚，理智上我是不需要它的。

同樣的，用成套的方式思考，如果看到喜歡的單品，但那個單品很難和現有的衣服搭配，我會考慮如何讓它擁有完整的搭配，再一次整套購入。換言之，有些設計沒有特定的上下完整主題，除非我衣櫥裡已經有了一個很好的伴侶與它搭檔，不然，無論這個單品有多吸引我，都不會單獨購入。因為無法成套，就會影響低管理高時尚的最美五套法則。以我的專業，要為喜歡的單品尋找搭配並不困難，但是我不想日後在衣物管理上花更多時間，所以就很清楚地在購買的源頭做出果斷的決定：**新購入的單品一定腦中已有成套的組合想法，舊衣不成套一律割捨**。

這樣就不會衝動購置單款零星的流行衣物，畢竟，我也只需要五套，果然從此搭配和管理的時間都降到最低，而好看度卻大大的增加，更意外地完全消滅了閒置衣物。

在開始體驗五套服裝的好處時，可以先從自己的衣櫥出發，搭配出最喜歡的組合，然後和這個組合生活一個月，相信一個月後你一定會有初步的心得，或者可能還不到一個月，你就覺得需要調整甚至淘汰一些不適合的衣物，這都是幫助自己一步步找到貼合自身衣物的過程。我相信，每一個人的過程都是獨一無二的。**因為只有五套，每一套都必須是你的戰袍。好看不能只穿一半，要一套！**

NO 多買一些不同的衣物品項可以有搭配的變化

YES 聚焦購置的品項

很多時尚建議常常強調利用不同品項的衣服，互相搭配可以做出多種穿搭，好像如果可以搭出更多種的樣貌就更值得購入。譬如用三十二件不同單品可以搭出一百種樣子，或是十二件衣服搭出三十八種樣子等等，還會條列要有幾件裙子、褲子、洋裝、外套、夾克、風衣、大衣。或者有些時尚建議會推薦，衣櫥內一定要必備的經典品項，像是黑色小洋裝、白襯衫等等。如果你使用最美五套的原則，這些都可以不用看。

我一直不斷強調，品項衍生的多種搭配只是滿足心裡的感覺，再多種的搭配，你也只能穿一套出門，所以衣櫥裡擁有多少搭配組合和目前穿出門的整體完整度，兩者之間其實沒有直接的關係，但扎扎實實無須靠穿搭就已經有完整主題的五套衣服，不僅省力且效果更佳。

甚至，如果你已經找到適合你的身形，個性上也喜歡穿某一種搭配組合——譬如我酷愛洋裝，我的女朋友們有人酷愛襯衫和長褲的組合——如果是這樣，你已經找到真愛了，不要再隨便購置其他品項，就專注於這樣的組合就可以。

五套衣服聚焦購置品項

一般人希望衣櫥品項齊備，其實是一種不自覺被制約的行為。

因為去逛街時，你總是看到品牌齊備了各種品項流行商品，從上衣、褲子、裙子、外套、配件等一字排開，因此不自覺地也如此經營自己的衣櫥，才會有「喔，我好像少一件經典的風衣」「嗯，我應該要有一件皮外套，因為這好像是必備的」等想法。站在製造端來看，我們每一季之所以開發各種品項的流行商品，那是因為不曉得喜歡這個花色的消費者是喜歡買洋裝還是裙子，喜歡褲子還是上衣？因此必須把花色分布在不同的單品內，希望能夠吸引到各種不同喜好的消費者。

但從消費者的角度，我們要取悅的只有自己而已。如果洋裝就是我所需要的，所有其他的品項其實都可以忽略。因為我只穿一套衣服出門，只需要一套強而有力的戰袍。**唯有你喜歡的這個品項組合，對你才是真正的經典。**

專攻品項的好處

以我只固守洋裝這個品項所帶來的效應為例，自從實行「五套衣服我只穿洋裝」開始，便大幅簡化了所有關於服裝上的延伸決定。譬如購置外套時，我只需要考慮可以搭配洋裝的外套，如此一來，所有搭配選擇就變得很清楚而簡單。因為洋裝的變化萬變不離本宗，而我喜歡拿來搭配洋裝的外套，一律都是優雅線條的單色長外套，因為短外套會讓洋裝的下襬露在外面，造成花色被切割的情形。

一旦五套的穿著品項固定下來，延伸的服裝品項也會跟著簡單起來。只須購買延伸搭配的需要項目，譬如搭配洋裝的只有外套或冬天的褲襪，而一件長外套能夠搭配所有的五件洋裝，一雙褲襪也能搭配五件洋裝，管理上真的是輕省很多。

在我固定穿洋裝之前，所挑選的外套因為必須搭配不同的上衣、褲子或裙子，因此有長有短款式各異，但每一件可能都只搭某幾件衣服，結果不僅尋找適合的組合花時間，閒置的機率也高。因此當我集中精神、時間和金錢，好好地做出幾個搭配上的重要的決定，採用成套而且固定下來的組合後，便不需要再花錢買進不成套的單品，決定的品質也相對提高。並且可以很開心地在一個月中享受為自己打造好的樣貌，逐漸形成一個正向循環。

如果你喜歡的是上衣與褲子，就一致沿用這樣的組合，讓延伸服裝項目容易管理。有目的地嘗試新品項是值得鼓勵的，只是不必抱著要擁有完整的衣物品項這種概念，不要分心手滑一下買裙子，一下買洋裝，一下買背心。你可以聯想一下男性的衣櫥，由於品項非常固定，襯衫和長褲的組合，很明顯一件西裝外套就可以搭配所有的襯衫和長褲。因此一旦你大部分只購買固定的服裝項目，逛街購物時就篤定得多，另外你會在這個品項當中累積越來越多經驗，了解自己最適合該品項中的哪些款式。譬如你喜歡買上衣和褲子，專攻這個項目後，會越來越清楚哪一類型的上衣和褲子對你而言是最適合的。這是你品項分散時，很難累積的經驗。**專攻一個品項會讓你生活簡單，且越穿越好**。

以我來說，在長期專攻洋裝品項後，已經非常清楚適合我的洋裝類型為何，買到不適合洋裝的機率就越來越少。與其在各品項中流浪，不如專攻一個你喜歡也適合你的項目，這樣容易累積對自己合適度的認知，變身為自己採購的專家。如果不知道自己該固定什麼品項，也不要急著定下來，先從衣櫥挑五種組合，感覺一下相處一個月之後，自己想朝哪一種固定品項邁進。只需大約一個月，你就會愛恨分明，知道這個品項是不是真愛。

多品項所花的時間和管理也會多出好幾倍，所以集中購買品項，確定自己最適合的組合。在這個品項中集中火力累積經驗，你的打扮會更出色。

NO 被說「你今天有事嗎？穿這麼漂亮」

YES 任何場合都游刃有餘的服裝祕訣

你有被人家說過這句話嗎？大部分的人都會依場合穿衣服，譬如下班後要去喝喜酒，於是穿得很正式而喜氣，或是今天有同學會，就刻意卯起來打扮要又瘦又年輕。因為看場合穿衣，大家只要覺得你不太一樣馬上就會察覺。照場合穿衣服是大家基本的共識，而且聽起來很識大體，平常上班日不特別打扮好像也沒錯。

我在實行最美五套法則以前，買衣服的時候會依場合歸類，譬如這是演講的服裝、一般上班的服裝、休閒的服裝等。一開始覺得照場合區別分易於管理，但漸漸發現這樣的分類，不夠貼近我們的實際生活。因為每一個人，一天之中身處的角色和活動都不是單一的，當我們只做單一活動的思考時，勢必就忽略其他的活動。

譬如我在時尚圈工作，基本上在這個圈子裡穿得多奇怪都不奇怪，但是我同時也是一個母親，下班後可能要忙著接孩子。記得有一次我穿網紗的大蓬裙搭配西裝外套，離開公司後去學校參加懇親會，下車時頓時感到大蓬裙在一群保守的家長中顯得有些突兀。又或者有些服裝我下了班一到家會馬上換下，因為沒那麼舒服或是怕弄髒，但接著得立刻開始做晚飯、進入家庭活動。

這樣依場合區分衣著，讓我每天都要陷入做決定的狀態（也許你沒有感覺，因為你沒思考就直接套上，那也是問題的一部分），必須考慮今天有什麼活動，或是需要轉換成另一個角色的場合得要換裝等等，這些都不符合我所堅持的低管理原則。於是重新思考調整新的穿衣法則，能不能讓我在各種場合都舒適妥當且沒有換裝的需要，因為唯有如此貼近自己的角色，最美五套法則才能夠順利執行。

五套衣服更貼近你全部的生活角色

為了貼近自己，首先你要了解自己。這代表你決定衣服時必須考慮到你所有的生活場景。以一個月之中，正式度要求最高及最低的場合為何，然後從中找出最大的公約數。最美五套的法則是以較少的衣物應付大部分的場合，只要這套衣服在兩個極端的場合都適用，那麼介於中間的場合就都沒有問題，這樣就能成功以少量的衣物出席大部分的場合。

於是我列出生活中各種活動場景，並且依此找到了服裝的最大公約數。在每一個人的生活中，我們都是一人多角，穿著也應該顧及所有的面向，才會真正地身心安頓在各領域中。當服裝貼近自己時，你的自在感也會顯現在從容的態度上，無形中也對周遭傳遞了正向的訊息。

釐清自己的活動場所，讓服裝來貼合我們全面性的生活，也可以幫助你離開假面人生，更清楚自己的角色和方向。

當你找到一個恰當的平衡點，選擇的服裝能勝任各種生活場景，無論何時都極為好看，不再需要因為特殊場合而去購置服裝，而這樣的衣服需要有一個最強的特質，就是**可塑性**。在需要出席正式場合時，只要加強飾品就會有盛裝的氛圍；放鬆的時候，拿掉配件再換上平底鞋，就可以產生休閒感，無須換裝。這件衣服要上得了廳堂進得了廚房，每天任何場合都能應付，這樣你的時尚管理就能非常輕鬆了。

不要再依場合購衣

這個概念也打破平時服裝品牌的分類習慣，這是必然的，最美五套是一個新的法則，你勢必得打破一些原有的概念和習慣，才能建立起新的架構。你去逛街的時候，服飾店的服裝呈列都會很清楚地介紹這是上班的服裝，這是休閒款式，這是趴踢款式，因此你也會很自然地這樣分類自己的衣服。但試想，一旦你不再依場所分類，而是找出適合所有場合的衣服，就越能達成低管理高時尚的目的。這也許要經過一番操練，去熟悉選擇什麼樣的衣服對你而言最具可塑性，才會越來越有手感。也許你的場合別差異大，也許你的場合別差異小，總之每個人找出的平衡點都會不一樣。但共同點是，一旦你往這個方向去探索，你就越能以比較少的衣物，成就大部分的精彩。

基本上這種「平衡款」，之所以有可塑性是靠配件。也就是說，如果這件衣服無須配件，本身就已經是全然的盛裝，那就失去能夠穿到較休閒場合的彈性，又或是太過休閒的衣服，加上配件也不足以讓我從事正式活動，這兩種極端我都不會選購。另外，衣服本身不痛不癢沒有可塑性，也不會是我的選項，這樣的決定也讓我在購買新品的時候，選擇標準更加清楚。然而，每一個人對盛裝或休閒的標準都不同，請以自己的穿著來設想，但大方向該是如此。

舉例來說，華麗感已經太強烈的大蓬裙，或是綴滿亮片的上衣，現在的我可能就不會入手。因為對我的生活角色來說，這些款式沒有空間可以變成休閒服。同樣的，我也不會買本身太低調、毫無盛裝潛力的衣服。所以當你拿起想買的衣服，請思考這件是可進可退都極好看的五套首選嗎？你會發現自己買衣的門檻頓時就提高了。

我選擇的衣服一定是戴上飾品配件就可以開會演講，拿掉飾品穿上便鞋就能進入超市或從事休閒活動，而且在兩種場合都恰當好看，才是我的五件首選。甚至下班做菜時，也能讓我覺得很舒服、沒有必要換裝，也不擔心弄髒，因為衣服本來就是消耗品。現代的衣服被捨棄的時候，大多狀況極佳，甚至連吊牌都在。很多人都會有幾件很貴但穿沒兩次的衣服，身材變化後又捨不得丟。如果你是因為使用頻繁消耗了衣服，我覺得還滿值得的，而且丟了也不會覺得可惜或心疼，因為你已「物盡其用」了。

總之，一旦找到平衡款當作本月五套服裝後，就不需要再為了一個特殊的聚會或場合買新衣服，因為這些特別購買的衣物目的性太強，常常之後都會被閒置。不如將預算集中在五套衣物，提高自己平日穿著的品質，利用配件來搭配以應付各種場合，這樣買下的衣物才會受到充分的利用。

所以，首先找出自己日常生活場景要求度最高是什麼？屬性是什麼？有人落差大，有人落差小。像我屬於落差大，因為常有演講和會議，而且我的行業需要比較高的流行感，這些都可能讓我選的衣服和你不同。

但檢驗的方法是一樣的，你選的衣服配戴上飾品後能不能應付這些場合？拿掉飾品後，能不能搭上休閒鞋讓你舒服一整天也不會想換裝。持續檢驗，你適合的五套衣服輪廓會越來越明顯。

NO 我今天穿得很舒服，那我一定醜死了

YES 「舒適」也是一種流行

很多人以為如果穿著正式，就一定很不舒服。如果穿著舒服，就一定很不正式。也許你也有過穿得很漂亮出門或上班，但一回到家就想趕快換下的經驗。

時尚圈曾經流行一句話：「如果你今天覺得舒服極了，那你一定醜死了。」許多愛美的女性寧願忍受不舒服也要換取美麗的代價，譬如網購時看到模特兒穿著花色非常好看的衣服，馬上下了單，拿到手的時候，覺得花色樣式還不錯，但材質不是很舒

適，但反正舒不舒服只有自己知道，穿起來好看比較重要。或是有些流行的裝飾、剪裁真的不舒服，可是為了趕流行先穿先贏。又或是某些款式看起來好顯瘦，雖然材質好硬很不舒服，反正拍照漂亮就好了。

基於種種愛美的理由，你很願意忍受一件不太舒服，但覺得好看的衣服。其中一個很大的原因是，目前服裝被淘汰換新的速度太快，可能你只穿一兩次就已經移情別戀，所以忍耐一下沒有什麼關係。但當開始採取最美五套法則，這些不舒服就有很大的關係，因為舒不舒服可能是你能不能持續和它長久相處的重要關鍵。就像如果你是抱著以結婚為前提的交往，那必須對相處不舒服的地方有敏感度，比較容易找到適合的對象，最適合你的五套衣服也是如此。

因為舒適，可以享受一衣到底的好處

我曾經星期五開完會後提早下班，因為天氣很好，於是心血來潮和家人將簡單的晚餐帶去草地野餐。我完全不用再花時間換裝，美麗的洋裝既適合開會，也適合躺在草地的野餐墊上。這樣舒適的五套衣服，讓我隨時隨地都在準備好了的狀態，更有行動力。

因此若要採取最美五套的服裝法則，首先材質必須非常舒適，才不會一放鬆就迫不及待地想要換裝，現在不論款式多麼吸引人，我都不再購入任何版型或材質會讓自己不舒適的衣服，對材質的舒適度越來越敏感，反而讓我在工作的時候更自在舒適。

最美五套法則會增加上班服的舒適度，及下班服的華麗度，讓服裝在兩者之間達成平衡，就是我所要找尋的公約數。因為不用換裝，這樣的服裝在工作時更貼近自己的個性和生活，他人看來更自信從容。而相對增加平日生活中的華麗感又何嘗不是一件好事，因為最常看到我們模樣的是家人，家庭也是生活中的重要舞台，讓自己在最好的服裝狀態下而不是隨便亂穿，會給予我們力量，讓自己先覺得有被照顧到，然後再去照顧人。同一套衣物既可以有工作的舒適和自在，又有生活上的華麗感，這樣的衣服也許有些門檻，但也只需要五套而已。

以我為例，因為工作必須維持相當的正式感，雖然材質舒適但一定要有腰身（一定要有腰，一定要有腰，一定要有腰，很重要必須講三遍），千萬不要覺得自己身材不夠完美就直筒過一生。越擔心身材越要標出腰線，才能感覺俐落有精神。在Instagram擁有七百四十萬粉絲，數量堪稱日本第一名的女明星渡邊直美，一百五十七公分卻重達兩百公斤，但她向來都是驕傲地標出腰身，看起來明亮動人，完全傲視其他同框的紙片人。如果她都可以穿得這麼精彩，那你的腰在害羞什麼？

我喜愛的選擇大都是材質舒適，有腰身且具明顯花色主題的洋裝，稍加飾品就能撐起場面。下了班，同一套舒適的衣服也是我家庭活動的服裝，因此會比一般居家服更有盛裝的感覺。女兒已經非常習慣我穿著美麗的洋裝在廚房切菜、去花園澆花、買菜購物，或與家人窩在沙發看電影。**因為，一早穿上這套衣服，我便已經準備好去任何地方**。

舒適度更有時尚態度

流行是有態度的，這是一種很難言喻的感覺，它是一種隱約顯現的自信感。很多人會讓你覺得很有流行的態度，有些即使穿著很華麗卻沒有時尚的態度，中間的差別到底在哪裡？**我認為所謂流行的態度，就在於流露「不經意的隨興感」**。很多人欣賞法國人穿著的原因就在這裡，舉手投足都有一種渾然天成的感覺。但這種時尚感，其實是刻意製造的隨興感。從網路上的街拍紅人，到時裝周的編輯或專業採購被拍到的照片，都流露出不經意的隨興穿搭，但這麼有型的打扮，其實可能是出門前花很多時間推敲出來的。

而最美五套法則會讓你抓到這個平衡點，產生出來的效果是更多的時尚感。因為你的正式穿著，會多些隨興（不是隨便）的元素，不再那麼緊繃，而你的休閒裝扮也會比以前多了些正式或華麗的元素，這樣抓出來的中間調性，反而更具時尚態度。因為當你全身盛裝的時候，整體的感覺會修飾過度，太用力、太緊繃，相對地就會不自在和不夠自信。當你完全是休閒打扮的時候，又太放鬆，沒有亮點。試著平衡一下兩種氣氛，你的時尚態度就會頓時加倍。

這股講求舒適的時尚，甚至因為這幾年來女性運動的崛起，以及女性一再打破職場天花板的限制，成了具有長遠影響的大趨勢之一。簡而言之，女性穿衣從以往取悅異性逐漸變成取悅自己。所以追求時尚的同時也可以顧及身心的舒適度，**因為選擇令身體舒適的時尚，也是一種流行**。這個概念完全解放了工作的我，希望也可以解放你，在正式裝著上多一些隨興感，貼近自我更從容自在。

NO 名牌當然穿起來比平價的好看

YES 選對版型更重要

我曾經營過一個頂級高級訂製服的品牌，因此看過各種體型的女性在量身訂做的禮服下所呈現的完美體態。量身訂做可以讓優點被放大，缺點被隱藏或修飾。無論環肥燕瘦，每一個女人看起來都綻放得美極了。這也是在時尚界，為什麼每一季量身訂做的法國高級訂製服如此昂貴的原因。量身訂做的版型合身但不緊身，身體和衣服間有著恰恰好的貼合度，看起來體態優美。但無法穿著高級訂製服也不用沮喪，雖然我們平常消費的都是大量製造的成衣系列，但其實只要你留意版型適合與否，一樣可以穿出「類量身訂做」的質感，用時尚界最高的稱讚語，就是「looks expensive」（看起來貴極了）！所以講白一點，如果版型不對，即使一套十幾萬的名牌，效果還不如一個版型適合你的平價品牌。

不光是女性，這裡舉個男性的例子，我有個男性友人，平常穿的襯衫都是昂貴的精品品牌，但版型以我的標準來看都不太合身，而他卻不自知。我建議他去試幾個牌子，起初他有點狐疑：「這價位差很多耶！」語氣中帶著便宜沒好貨的揶揄，為了證明離開舒適圈有更好看的可能性，我好人做到底直接帶他去試穿。

當他從試衣間出來時，身上平整服貼的肩線，儼然是量身訂做的款式，一個習慣買名牌的人，卻在大眾化的平價品牌中找到了適合他身體版型的衣服。當他看著自己好看多了的身形和服裝價錢時，完全不敢相信。後來他穿著這件新衣服去上班，大家都說：「咦，你變帥了喔？」卻說不出來他哪裡不一樣，只覺得整體的俐落感和好感度都增加了。

所以價格和適合度不是絕對成正比，同一個平價品牌就完全不適合我另一個朋友的體型，所以適合別人的品牌，並不一定對你也有同樣的效果，因為每一個人的身形都不一樣，不同的身體需要對應不同的版型。你需要有一定的品質，但絕對不是越貴的品牌就越適合你的身形。

版型好的效果是什麼呢？**如果你穿到適合的版型，很容易凸顯的是你的人，而不是穿在你身上的衣服**。大家看到會稱讚你看起來很美，而不是稱讚你穿的衣服很漂亮。如果沒有合適的版型，你的好看就很表面，就好像畫了一個精心打造的妝，看到的人無不說：

「你今天妝畫得真好！」但更高的層次是，沒有人察覺你的妝，而是稱讚你看起來氣色很好很漂亮。所以當衣服能夠襯托出你這個人，大家先看到的會是你整體的美感，不是衣服或包包。要達成這樣的目標，首要是找到適合並襯托你身材的衣服，這就是適合的版型能夠帶你抵達的境界。**「適合你的版型」就像是一個隱形的魔法師，他非常低調，但有點石成金的能力。**

衣服穿起來好看的基本的天條就是「一個適合你的版型」，重要性更勝過材質、顏色、花樣。對一般的服裝製作來說，版型上的開發，也比花色材質的開發來得困難。因此，高價的品牌確實比平價品更能夠承擔較高的成本，去開發比較精緻的版型，但也絕不是越貴的品牌版型就越適合你。尤其口袋夠深的消費者，對版型要有更高的敏感度，才會讓你花的每一分錢都能反映在質感上，免得花了錢卻沒有得到相對的效果。相對的，太低價的商品，當然就比較容易用花色圖案去吸引你的目光，尺碼盡量簡化，甚至只有一個尺碼，當然就談不上合不合身。通常會買的人也不太在意，反正穿個幾次熱潮一過就丟。但實行最美五套，你一定要找出版型最適合你的衣服。建議從具有一定品質，價格在你舒適帶的商品中探索，一定可以找到價格合理又襯托你身材的品牌。

合適的版型衣服讓你被盛讚

關於版型，其實是個深奧的學問，如果你有興趣可以深入研究。我們當然可以凡事講究，但若是要將力氣用在刀口上，只要你每次挑衣服都注意下列幾個重點，應該就會越穿越好看。

1. 檢查肩線：

你不需要專業的協助，初步用自己的視覺就可以判斷，我們不是要開始對穿著吹毛求疵，只是要訓練自己的眼睛對版型的敏感度。請你用全身鏡上下檢視一半，首先注意檢查衣服上的「肩線」有沒有在對的位置。肩線就是袖子和衣服交接的車縫，肩線一般應該對準肩峰的地方，剛好被你的肩膀微微撐住，所以看起來好像一個人的微笑肌往上，感覺有精神。如果你想要找一個衣服版型合身的真人範本，那就是英國的凱特王妃，你可以看到她任何一套洋裝都是有撐起的肩線，看起來身形非常美好，大部分的正式服裝對此的要求都比較高。因此如果你想要有高質感的好感度，從「肩」開始是很重要的。

就算你並沒有像凱特王妃般每天要盛裝以待，平常的衣著如果肩線明顯在肩膀以內，膀子卡卡的，那就是太小。肩線在肩膀以外，膀子在游泳，就是太大了，這樣的衣服沒有修飾到你的身材。

一般我們與人應對都是以臉為主，所以肩膀是很重要視覺的落點，如果你的肩線在恰好的地方，會比一雙好看的鞋子更容易被看到。但也不用突然吹毛求疵地用尺量，要對得很準。挑衣服時，如果比起B衣服，A衣服穿起來的肩線在更恰當的地方，那也許A的版型比較適合你。如果從肩線就不合你的肩膀，不管這件衣服其他地方多美，其實也不重要了。

但並不是每一件衣服都有肩線，休閒服或是流行oversize的設計可能是圓肩或是垂肩，甚至會讓你找不到肩線，或是故意下垂的肩線，這種衣服通常流行感和休閒感比較強，適不適合穿到工作或正式場合就看自己拿捏。因為每一個人的生活狀態和工作的環境都不盡相同。

譬如足球明星貝克漢的老婆維多利亞，如果穿著誇張的垂肩外套仍然適合去她的正式場合，因為她的工作是設計師。換成是喬治·克隆尼的老婆，雖然也是時尚咖，但我就鮮少看到她穿肩線下垂的衣服，因為她是一位人權律師。因此光是一個肩線，甚至就能傳達很多不同的生活型態。

此外，肩線也可以修飾身材，透過微調肩線的位置，讓視覺有修飾的效果。譬如覺得自己肩太寬的人，可以把肩線往內微縮一些，肩窄的人則把肩線外擴一些。這些你都可以嘗試，看哪一種效果最好。總而言之，你的肩線如果不是因為設計上的特殊效果，就應該要在對的位置。

2.別當女神卡卡：

檢查完肩線，你已經處理了一半。之後從肩膀往下看，穿在身上的衣服有沒有「順」？所謂順是指身形看起來宜人，沒有在哪個部位卡卡的。通常會卡的地方是你比較豐滿的地方，也許是胸，也許是臀或大腿、小腹等等。但無論哪裡，如果那件衣服會「卡住」你身體的某個部分，可能就選錯衣服。**這不是你身材的錯，而是衣服的錯**。衣服和你的身體應該要合身而不是緊身，合身就是有仍然有空氣的流動。但也不要因此乾脆直筒到底，蓋住你所有的曲線。

衣服若卡住，或是毫無身形，就失去修飾的功能了。但不卡住的修飾穿法有千百種，建議你根據自己的體型去探索，目前網路上這類資源很多，各種體型都有穿衣建議。如果你多加嘗試，一定會有心得，而且會越來越好。無論是要淘汰舊衣服，或是買新衣服前，你都應該先澈底了解自己的身材，多探索關於自己身形的修飾方式，漸漸就會了解哪一類版型的衣服最適合你。

3.檢查衣服的交界處

如果衣服線條都在正確的地方，則要再進一步觀察，你的四肢和衣服的交界處是一個最恰當的長度嗎？因為成衣的尺寸都是固定的，同尺寸上衣，身高一百六十五和一百五十五雖都穿得下，但穿起來效果不同，如果你仔細比較，一定有人被遷就了。對你而言上衣的長度在哪裡最好看？袖長、褲長、裙長呢？每一個人的答案都不一樣，穿上這件衣服，不光是把你的身體蓋住而已，露出恰當的比例也是一種技巧和修飾。你所有的上衣一定不會都是剛好一樣的長度，每件衣服的袖長也都不盡相同。你可以穿起來比較一下，一定會有修飾身材效果最佳的長度。好好地觀察鏡子中的自己，將長度上上下下調整，就會看到不同程度上修飾的差別。**我希望你記住最好看的長度，當作往後的起點。**好好地端詳你的身材有沒有因此而被修飾，沒有人的身材是完美的，你當然也可以天天想著如果再減個幾公斤穿起來就更美。但事實上目前的你，就已經夠美好。

如果你的手很巧的話，稍微動個針線，讓長度剛好。也可以善用修改衣服的工作室，把喜歡的衣服修改到適合的長度，顯現身材的優美，這個費用會比買名牌還要划算，但看起來更有質感。

4.版型對了再深入交往

有時在捷運上一眼望去，很多人的衣服都沒有修飾到身材，或是常常可以看到電視上的藝人或節目主持人，穿著衣服線條和自己身體不相稱的衣服，非常可能因為造型師商借的衣服，即使不合也得上場錄製節目。但是你自己的衣物，並不需要決定得這麼匆忙，應該花時間好好檢視。

通常同一個品牌的成衣，大都使用固定的版型，若你試穿一兩件不太合，不是你買錯尺寸，可能就是你的體型不適合這個牌子的版型，不管你再喜歡，我都可以告訴你和這個品牌實在沒有緣分，不用繼續再試其他款式，應該趕快轉頭去和別的牌子交往。雖說每個人的身材都不盡相同，但大方向來說還是有一些粗略的同質性，譬如，一般亞洲女性身材比較嬌小，所以亞洲品牌比較容易合身，或是進口的品牌如果是法國、西班牙等也屬於不錯的選擇，因為該國的女性也屬於嬌小纖細型，和亞洲女性的身材吻合，合穿度很高。但若是美國、德國等品牌，當地的女性相對比較高大，版型對亞洲女性來說合穿度可能較低，但你如果剛好是屬於亞洲女性中的高䠷身材或較大的骨架，可能就很適合。因此往和你身材雷同度較高的國家去探索品牌，也可以給你一些基本參考方向。

總之，應該要讓對的衣服來襯托你，**衣服最棒的功能之一就**

是修飾你的身形。不論再喜歡的花色，只要版型會曝露你身材的短處，就該淘汰。這件衣服如果沒有強調身材的長處，讓你的優點被看見，身形更美，即使有其他的優點，也都不足以納入。

英文有個字叫「flatter」，是「過獎，奉承」的意思。這個字也常被形容在衣服上，在衣服退貨時，除了尺寸不合，最常被提及退貨的理由就是「not flattering」，也就是說這件衣服沒有發揮「盛讚」自己的功能，所以被退貨。因此一件衣服，版型適合的話，應該穿上後會讓你自我（身材）感覺良好，被盛讚了，如果沒有，那是你沒有選到適合的衣服。相信我，是衣服的錯，絕對不是你不夠完美！

試穿試穿試穿！了解自己適合的版型這件事情沒有捷徑

了解衣服在身上的修飾效果，除了可以看全身鏡外，也可以架腳架自拍。透過照片仔細端詳，這是不是最好的比例？如果你習慣觀察每一件衣服和自己身體的關係，就會鍛鍊出挑選適合版型的認知和能力。慢慢地一件兩件，當你觀察了幾十件後看到的線條一定和第一件不同，第幾百件後又更不一樣，一路下去，你幫自己選擇適合商品的功力會越來越進階。如此，你所累積的是幫自己挑選衣物的專業和能力，**只有你才能成為了解自己的專家，而不是了解品牌的專家**。因為挑選的門檻提高，在面對選購時尚品的時候，也比較不容易衝動購物。與其花了很多時間看媒體雜誌上的時尚照片，**你應該花更多的時間觀察鏡中或照片裡，衣服在自己身上呈現的比**

例狀態，你會不斷地發現自己還有待開發更美的可能性。

很多怕麻煩的人都懶得試穿，但就是因為怕麻煩，你才要練就「識己」和「識衣」的功力。等到你一眼掃過就知道合不合適時，就不用件件試穿了，而且還能每買必中都是上選。因為怕麻煩，你可以直接放棄但也可以選擇努力畢業。就像我原本不喜歡進廚房做飯，因為感覺烹飪過程很瑣碎，我可以選擇放棄，但決定要克服之後，我從練習一千道菜的過程中，發現技術一旦提升，所花的時間就持續下降到「不麻煩」的程度。等到擁有比較好的知識和技巧來選擇、處理食材，花的時間少但吃得更好，這時我就已經畢業，**真正擺脫麻煩了**，而且遠超過我以前的境界。

所以為什麼會覺得麻煩，那是因為你還在門外，還沒開始。

雖說不怕麻煩，仍然要把精力用在刀口上，這就是為什麼我前面提到五套要集中品項的原因。一旦找出自己適合哪類的版型，可以進而決定五套衣服中要採取哪一種組合，譬如，是連身洋裝，還是上衣加裙裝或褲裝的組合？一定有一種組合對你的身材而言版型是最好看的，找到之後就固定這個組合，因為專精一個項目比較容易成為專家，而且你也只需要一個好看的樣子。如果你選定洋裝是最喜歡的品項，就再開始探索洋裝品項中的版型哪一些最適合你。找出五個套組，之後根據和五套的相處經驗觀察合適度。如此重複操作，你一定會找到最適合你的洋裝版型。因為集中品項，很快你就會從中累積挑選經驗，什麼樣的版型最適合你的身形，讓你被盛讚。**請注意，是你的人被盛讚，不是衣服。**

NO 這一看就是寫了我的名字的衣服

YES 你是為了打扮而不是蒐集

大家覺得設計師就沒有追求流行上的困擾嗎？

長年從事設計工作的人，在開發流行商品時，需要避免流行趨勢在其主觀的詮釋之下，呈現自己偏愛的熟悉樣貌，這其實並不容易。因為設計師通常都有自己的主觀看法，這也是最初為什麼會成為設計師的原因，但優點拿捏不好也會成為限制。當有這種疑慮，就是我進入品牌當中，為其調整商品方向給予建議的時候。因為我是從流行主軸中去觀看商品的市場度，比長時間浸淫在自己商品中的設計師，更能夠有一個清晰的角度。

從事流行設計製造其實是非常辛苦的勞力工作，絕對沒有大家想的光彩浪漫。尤其目前出款的速度已經令設計工作進入長期疲乏，設計師手上同時有兩三個季節的商品正在開始中、進行中、收尾中，是常有的事。就像你專注一個東西久了也會視覺疲乏，這時我就要扮演大補丸，讓大家能夠利用最短的時間，在新的季節出發時，重新調整一下角度再戰。此外商業設計也不是天馬行空的發揮創意，而是要有市場的接受度。也就是每一款都希望是可以創造業績的熱銷款，甚至還要配合銷售活動。從一線品牌的大設計師到一般價位的大眾品牌都如此，沒有一定的熱情很難持續這個工作。

回到我的重點，對流行的強烈主觀是設計師的強項，但也可能是受限的原因。一般消費者也是一樣，和好朋友逛街時，看到很合適你的衣服，會說：「這件有寫你的名字。」或是三不五時LINE給你偶然看到的款式，告訴你說「這超級是你會買的衣服」。甚至有人因為太喜歡某些圖案，譬如條紋，很驕傲地說自己是「條紋控」。總之，每一個人對圖案花色都各有所好，不論季節流行趨勢如何演變，你仍然會從中找尋自己看起來最順眼的樣子。久而久之，你買的衣服都很類似，講好聽是個人特色，但也會阻礙自己有新樣貌的可能性，並且是衣櫥裡永遠少一件的原因之一。

是稱讚衣服還是稱讚你？

你在瀏覽新品時，往往看到某些喜歡的花色出現，就會迫不及待地想要帶回家，但常常忽略了**這也許是「你最喜歡」的顏色圖案，但不是「最襯托你」的顏色圖案**。這兩者有很大的差別，因為喜歡的圖案也可以當壁紙，不一定要穿在身上，對吧？你有沒有好好地端詳，這個圖案顏色是讓你這個「人」被點亮？還是只展現衣服本身的精彩？以前這也許不重要，但當我們只穿五套衣服時就很有關係，只有最能讓你被盛讚的圖案顏色才能入選。

以我自己為例，有一季，我對重新詮釋的民族風刺繡愛不釋手，看到有件衣服的刺繡圖案實在做得太美了，我買下它的心情是讚賞這個設計，而不是讚賞穿它的自己。果然我穿了幾次，大家也都說衣服的做工好漂亮！所以我是「買得好」但沒有「穿得好」。仔細分析，我個人並不如此適合這類民族風，穿上後自覺不像摩登的嬉皮，反而像鄉土劇的婦人，雖然衣服本身得到大家的稱讚（這種稱讚很容易產生錯覺），但從此卻完全免疫，看到時只抱以欣賞，不會再入手。

請記得你是在找最能襯托你的衣服，不是你最喜歡的圖案，是打扮不是蒐集，衣櫥才不會成為博物館。

分辨長效與短效性的流行圖案

在目前已有的衣物中，對於那些你很狂熱的顏色或圖案，如果確認過的確適合，版型也非常襯托你的身形，可以選擇最精華的幾件長期留下，然後利用季節性的顏色來更新它們。流行雖然每一季都在變化，但有些元素是可以巧妙重複使用的。首先你要先判斷，這件花色在流行花色中是屬於「**長效的趨勢**」或「**短效的趨勢**」。

以「長效」性的圖案流行來說，大方向不外乎幾何、動物、花朵、迷彩、格紋……等大家耳熟能詳的主題。通常在新的季節企劃開始前，我都會對製造商詳細地講解，圖紋中的新色盤為何，使其製造出符合該季色盤組合的圖案。譬如一樣是豹紋，但也許這一季的豹紋流行是加入螢光色系，所以如果你本來就是豹紋控，只需要購買螢光色的小包包或圍巾，就可以更新原有的豹紋系列衣物。用配件的顏色搭配舊有的圖案，就能讓整體出現新的顏色組合。

這些屬於長效性的流行元素有時會在某一季突然被放大，變成一軍，紅到無所不在。這個時候你的熱愛就可以好好地派上用場，即使不是當季的當紅炸子雞而是二軍，這些圖案也不需要完全束之高閣，只要你善用新色去搭配，這些圖案顏色幾乎都可以在每一季中仍然保持新鮮感。

反之，圖案非常特別，不是我們熟悉的那些長效圖案，就全屬於短效的類別，也是每季流行的大宗。簡單而言，這個圖案你之前曾經看過嗎？如果沒有，那就是短效。時尚靠的就是短效流行的商品，這確實能夠迅速達到新鮮的效果，為了更新單品仍然需要下手購買，但是，價格務必在你捨得割捨的舒適帶，因為下一季的新品很快就到了。

以最美五套達到低管理高時尚的原則中，真的建議不要再購入你熱愛的圖案顏色。因為我相信你熱愛的圖案，衣櫃裡已經有夠多的數量了，保留幾套精華即可。強制自己如果日後又想購入新的類似主題，就必須以「一出一入」的方式淘汰舊品。

也就是說，你會購入一定是因為有更適合的，如果理由沒有強大到可以取代舊愛，就不應該再購入相同主題的新品。這樣才有空間和機會認識新歡，不然五套衣服就會被你的舊愛淹沒了，五套衣服中應該要保留新的空間嘗試不同的可能性和多樣性，不然同質性太高，反而失去了精彩。

NO 要有耳環和項鍊搭配才完整

YES 飾品擇一法則

女人很少不愛飾品，我的一位女性友人很喜歡在重要工作目標達成的時刻，犒賞自己貴重的耳環，我常開玩笑說她要有多少耳朵才戴得完。但不可否認，飾品配件是許多女性的最愛。

飾品的一個重點原則

時尚的飾品配件種類非常多，從耳環、手鍊、別針、項鍊、戒指等，每一種配件都有令人愛不釋手的設計，價位能迎合各種預算，又不像衣物佔空間，因此這些小飾品是女性常常衝動購買的項目。我自己也曾經買過設計讓我眼睛一亮的手環、骨董別針、精緻耳環。但當我開始實行五套衣服法則後，飾品也列入低管理高時尚的項目內。

和衣服一樣，我們很容易買下因為單純欣賞喜歡，卻不一定是最襯托自己的飾品。基於搭配最美五套原則，以下是所需飾品的管理方向。

首先就是簡化。當我們簡化的時候，重點就會浮現，就如同彩妝上你已經強調眼影就不要再強調脣彩，不然重點就太多了，全臉都是重點效果反而不好。在服裝上，如果要做到低管理，其實只要保持一個重點的原則，耳環和項鍊擇一才會有畫龍點睛的效果。因為頸部和耳朵很靠近，有一個亮點即可，如果你兩個都戴，就要花心思去搭配兩者如何能不搶戲，管理上就比較花時間，但效果卻沒有更好。

自從實行最美五套法則後，我便選擇以項鍊為飾品重點，而且只專攻這個項目。因為項鍊可以和服裝重疊，在衣服上可以直接搭配，定調整體服裝的氛圍。相對的其他配件類，就無法與服裝有交疊的效果，因此基於低管理高時尚的原則，我就不予考慮。同樣一件洋裝，會因為不同項鍊的搭配，而有了截然相異的氣氛和心情。另外，如果你的工作需要進行很多網路會議，以項鍊撐場面就更加重要。

兩套飾品原則

我的項鍊大致分成兩組，一組是平日用，一組是特殊場合用。

平日用的項鍊大都為金或銀色的金屬材質，幾乎可以和所有的洋裝互搭。雖然造型各異，但大致分為短鍊和長鍊，可以適應不同的領口造型。這些項鍊不搶戲，不帶色彩，但是會為整體服裝添加有正式感的金屬光澤，一旦有了金屬的光澤度，整體造型的「盛裝」度就會提高。與其讓衣服去表現這種盛裝感，不如讓項鍊來加強，因為這樣就無須為場合換裝。換言之，這表示你的服裝必須是有拉抬潛力的衣物，因此在選定五套服裝時就要考慮到這個因素，先搭配看看。每個人或多或少都有一些金屬項鍊，可以從現有的收集開始挑選可以和五套衣服配搭的款式。這類金屬感的配件也比較不容易因季節淘汰，平常有看到合適的就可以考慮入手。

另一組特殊場合用的項鍊，則有比較大膽的主題造型，可能是異材質的組合、有顯眼的色調，或華麗的珠寶。在某些趴踢或重要場合時，與其花時間換裝，換一下配件就能完全改變造型的氣氛。如果一天之中需要前往不同場合，你只要將項鍊備在皮包中就可以了，真的非常方便。這類配件不一定要很昂貴，但需要極富特色，可以依個人喜好慢慢探索。我個人的蒐集從高價的珠寶，到超大的紅色毛氈球造型項鍊都有（本來是買給女兒小時候用的，卻意外發現搭配效果非常好，而列入收藏）。

所以如果想將配件項目減到最少，但功效發揮到最大，那我建議最好的選擇就是項鍊。每個月我選定五件洋裝之後，會配搭兩條日常項鍊，一條長鍊一條短鍊，幾乎就可以應付所有場合，這兩條項鍊和我的五套衣服放在一起，若今天有需要就會一起戴出門。遇到特殊場合，我則會到衣帽間先選好要配戴的造型項鍊，如此搭配五套衣服可說是勝任愉快，並沒有不夠用的狀況。而且因為很貼近自己，不是「刻意」為了某種場合，而穿上平常不常穿的衣服，這些打扮都讓我很自在，這就是我所謂的離開假面人生。唯有在你自在的狀況下，世界才有機會看到你的風采。

NO 我應該犒賞自己一個名牌包

YES 名牌包不是通往品味的捷徑

近十年來，包類配件在女性時尚的定位，就像是一台車之於男人的配備，品牌已經遠遠凌駕了款式。然而，名牌車起碼有性能和安全的訴求，但包包並不太具備這些功能的差異性（唯一實際的功能是練臂力，因為往往越貴越重，但很多人練的是先生或男友的臂力），完全是情緒訴求，越貴越搶手，同時隨著大量炒作和宣傳，已經讓很多女性都把包包當成夢幻逸品。新聞媒體上刊載的名人穿搭中，無不先標明身上包包的牌價。甚至在各種資訊中，包包宛如股票一般的存在，會標榜當初投資的價格為何，目前已經漲到多少等等。各種飢餓行銷，讓許多人失去理智地想盡辦法入手。女人對於名牌包就像在這山看那山，永遠都有更貴的包在願望清單上。名牌包款的價格，基本上已經是本「夢」比，不是本益比。

這些情緒的營造，讓大部分的女人，都覺得拿了名牌包氣場立刻變強。然而真的是這樣嗎？

在最美五套的搭配法則中，為了達到低管理高時尚的效果，有許多使用及購買包類配件的觀念和習慣必須調整，不然無法發揮效果。以下就舉出一般人對名牌包常有的一些迷思。

迷思一：這是名牌包，不會褪流行

很多人購買昂貴的包包時，既想表現時尚感，又害怕容易過季被淘汰，於是就會選擇名牌包，以為這樣就不會過時，但名牌包往往會變成火速通往你害怕境界的直達車。

如果不相信，可以看看近幾年各國崛起的二手精品網站的驚人成長。有這麼多人買，但馬上又有這麼多人拋售。因為知名度越高，過季感越強。流行就是這麼微妙，沒有人揹就不成流行，但等到很多人都有，你又看膩了，所以就拋售，或束之高閣。

現在品牌的宣傳手法不斷翻新，不只有官方廣告，還包括網路上的口耳相傳，如果你不知不覺一直看到這個包在呼喚你，可能已經有相當的宣傳活動在進行。於是你買是因為知名度，但敗也是因為知名度。由於識別度實在太高，一旦過季也絕對看得出來，賞味期限更短。你越力挽狂瀾不想更新，只會在時尚感顯得力不從心。

迷思二：名牌包拿出來氣場比較強

辨識度高的名牌包，因為吸睛，常常會造成見包不見人的狀態。也就是「包帶著你」，而不是「你帶著包」，應該說你變成名牌包的配件。越是如雷貫耳的品牌，越容易造成個人特質很難在強勢品牌下被看見。即使是具有知名度的藝人，也難以壓過品牌光環。我只有看過少數的例子，個人的品味特質可以完全壓過一線大品牌，當她帶著名牌包時，旁人完全只先看到「她」這個主體，而品牌只是成就她的配件，但這種例子真的是鳳毛麟角，少之又少。

品味的形成比較複雜，但品牌的堆疊比較簡單。要欣賞品味必須要先了解品味，但對一般人來說，這個標準有點模糊、無跡可尋，於是寧可直接下手名牌，覺得這好像是通往品味的捷徑，以為買了一個保證。因此造成很多媒體在拆解名人穿搭時，拆解的都是品牌售價數字，淪為全身總金額評比，以致大家在看時尚品時，目光飄過的都是價格和數字，而不是品味的欣賞。所以變成名牌包的價格越高，彷彿氣場就越強。但強的只是包的氣場，不是人的氣場。但你知道嗎？**在氣場強大的包旁，你的個人特質，幾乎是不存在的。**

迷思三：只要包包是名牌，穿什麼都無所謂

這個迷思也許很多女性嘴上不說，但常常這麼做。你可以經常看到一些女人，穿著很隨興（甚至隨便）的衣服，手挽著一個名牌包，態度非常自信甚至有點驕傲。倒不是說一定要畢恭畢敬地對待你的名牌包，讓它只能搭配正式服裝，而是這樣的打扮太不合理。

不合理處在於，投資包包與服裝兩者的費用比例懸殊太大。好像只要包包是名牌，放在任何穿著打扮上都合理，如果是名牌好像就有搭配上的豁免權，我常常心想，名牌包包難道有國王的新衣的功能嗎？

迷思四：我挑的可是這季的火熱商品，夠時尚了

一線名牌的當季話題包款，大都是來自當季該品牌整體的流行主題，不會是單一個包包的概念。這個當季的品牌流行主題，來自很縝密的企劃和設計，具有強烈的時尚語言，除非你能夠將整個系列從頭到腳帶回家，若想真的抓到所要傳達的時尚精隨，搭配出類似的時尚效果，需要有相當的專業技巧，不然，用你原有的衣服去搭配這樣鮮明的主題，是發揮不出類似效果的。

但大部分的人買名牌包，常常都以為只要包包精彩就可以了。這種「包是包，人是人」，一個身體各自表述的狀況，當然也發展不出迷人的自我風格。我相信大家精心打扮了以後，是希望自己獨特的美麗可以被看見，一個話題性的包款，剛好搶走本來應該是焦點的你。

迷思五：入門款經典款不褪流行

很多人會託出國的伴侶、朋友，或是自己出國的時候衝到outlet去買。這類號稱名牌入門包款的類型，設計非常普通，但上面有非常明顯的logo。如果拿掉這個logo可能就是個很平凡的包，但因為有了這個logo，讓你有撿到便宜的感覺。

這些包款多半和當季流行沒有什麼關係，安全的款式也讓大家覺得好像可以用到長長久久。殊不知這種不褪流行的錯覺，是因為它們其實從來沒有在流行當中，自然也沒有所謂的過期問題。甚至這種包款還會主打功能性強，通勤上下班赴約任何時候都可以用。拿著萬年百搭名牌托特包，讓你以不變應萬變的裝扮，這在時尚層面所散發的訊息，其實是很負面的。表示你其實沒有什麼時間和心思打理品味這件事，真的不如一個不知名，卻和你全身打扮相得益彰的包款，錢花得有點冤枉了。

總而言之，在最美五套的搭配法則中，包包是重要的變化元素。舉凡「經典」、「百搭」等等暗示你永遠不用更新包包的概念，基本上最好敬而遠之。剛好名牌包就具有此種強烈特質，所以要特別注意。五套衣服的原則，就是要讓你重新跳脫品牌，對焦回到搭配本身的合理和完整性去思考。

這幾年為了搭配五套衣服，我買包的方向轉往尋找中價位及顏色和設計新穎的包款，因為流行產業近年來，包包的設計簡直到了創意大噴發的地步，有許多非常優秀的新銳設計師品牌，其包款都兼具市場性和流行創意。這些中價位的包款除了品質極佳，設計亮眼外，因為不像一線大品牌的曝光度這麼高，別人不容易一眼認得出，自然不容易淪為價格評比大戰的目標。因為流行感高識別度低，新鮮感和賞味期限反而比較久。

最美五套法則，就是希望品味的焦點可以回到你的身上，不要為了品牌而去買包包，是為了搭配而購入。一旦不追求名牌，降低包款價格，不僅包款跟得上流行，還得以調高服裝的預算，讓身體習慣美麗的好衣服，個人特色更加脫穎而出，整體性也會加強你的時尚自信。

NO 買包包一定要選基本色才好搭衣服

YES 基本色放棄了更新舊衣服的機會

買包包的時候，很多人偏愛選擇黑、棕色調，覺得這樣很「百搭」。尤其是包包的價格越高，更傾向選擇非常安全的顏色，譬如黑、深淺棕、大象灰、老鼠灰……等都屬於大家喜歡的基本色，或是稱之為經典色。

但是在五套衣服的整體打扮中，你的包包應該是最容易畫龍點睛的配件，最適合「冒險」嘗試新的色彩。許多你在服裝上不敢嘗試的新色調，很適合利用包包來提色，或是改變整體的氛圍。同樣一件衣服可以因為包包配件而擁有不同的表情或是流行感，便能讓你的所有穿搭組合在每季都有被更新的感覺。包款其實是很重要的魔法師，就如同蛋糕上的奶油裝飾。若習慣安全的基本色，就失去了極重要的的流行槓桿。

何謂時尚新色

在商品的製造端，研究流行色彩上的變化時，為了觀察顏色的走向，常常要用色票去區分連眼睛都很難看出的顏色差別，才能推測往哪個方向發展。但對一般消費者而言，享受色彩應該沒有這麼複雜，大概掌握一些規則，就可以穿出時尚感。

流行時尚很少去「創造」一種全新的顏色。所謂的本季新色，大部分是指一種新的顏色搭配法，而不是完全創造一種前所未見的色彩。**每一季發表的新色，真正的意思是「顏色的新組合」**。很多人知道我的工作是發表流行預測後，常常會問：「那未來的一季流行什麼顏色？你趕快告訴我，我可以先下手為強。」但這是沒有辦法說的，因為從來就不是「一個顏色」，每一次我在解說未來流行色時，呈現的是各種相互作用的色盤，我們稱為「color story」。因為每一個色盤都是一組獨特的流行氛圍，有著不同的背景及意義，因此稱為story，彷彿有著自己的故事。如果把色盤裡每個顏色單獨拆解拿出來給你看，沒有一個顏色是你不知道的，然而這個顏色和那個顏色進行搭配，這個概念就是新的。

所謂流行的新意，是新的顏色組合的概念。譬如你一定知道螢光色，也熟悉駝色，這兩者都是本來就存在的，對你來說都不是新色。但流行就是把這兩個大家都知道的顏色，加在一起搭配使用，成為一個新色組合，並以此去製作布花圖案或是單品，這樣的概念就是新的。**所以流行顏色重點在於配色。**

包包是更新舊衣的技巧

一旦了解這個道理，你就可以運用這個方法，用隨身包款把衣櫥裡很多過去季節的花色更新，讓它們繼續發揚光大。

每年流行都在變化，但章法是萬變不離本宗。譬如冬天由於厚重的衣物多半暗沉，於是配件除了熟悉的基本色系外，每年都會出現不同的亮色系來襯托，才會有新鮮感。近年來甚至一些原本歸屬於夏天色調的薄荷綠、檸檬黃、粉彩色、白色……等都被拿來和秋冬的深色系搭配。

你會發現一個亮色包包就可以把整個秋冬的暗色衣物點亮，且具有時尚感。這樣的跳色系包包，不用是名牌，只要質感好，顏色是該季的亮色，就會大大提升整體時尚感。這個亮色的隨身包可以和你原有的衣物顏色交互搭配，出現一個新的顏色組合。

有一季我只用一個別致的夏天白色皮包，就把所有的秋冬衣物都更新了，澈底達成低管理高時尚的效果。**因此包類配件是顏色搭配上小兵立大功的單品**，相對於買了名牌包、選了一個所謂的不退流行百搭款，讓它像一成不變的家具般，佔著你的身體，我會覺得在整體的美感上是扣分的。然而因為價格昂貴，你捨不得常常汰換，因此想選「安全」的款式，和保守的基本色或經典色，這就完全失去讓包包在搭配上畫龍點睛的大好機會。

因此，如果要我選最重要的配件，那無疑就是包包了，但是不是名牌一點關係都沒有。

包包是值得更新的服裝品項

雖然之前提及項鍊是重要的配件，但項鍊的功能是在盛裝時給予光澤和亮度。而包包因為材質的關係，提供不同的色系和質感紋理與服裝交錯，因而是服裝上搭配的重要工具，甚至是把舊衣更新成當季時尚款式的祕密武器。

想要有新一季的配色，你可以直接購買有當季流行圖案的服裝新品，或者是更新你衣櫥裡的過季衣物。譬如新一季的配色如果是「酒紅色和芥末黃」，你可以直接購入當季兩色組合圖案的新衣物，或者是你原本就有一件酒紅色的外套，那可以用芥末黃的包包或衣服搭出兩色的交錯，達成一樣的效果。而將新色用在包包比衣服的CP值還大，因為衣服只有一件的效果，但包包可以繼續配搭你所有的衣服，因而所有的衣服在整體搭配上都有了新的顏色組合。

所以，如果要排出新一季更新購買商品的優先順序，肯定是包包優先於衣服。也因此包包不應該超過你的價格舒適帶，讓你捨不得替換。流行品本來就是消耗品，如果用蒐集骨董的方式買包，五套衣服就很難有新意。

購買當季的新色包款，我的入手標準，首先一定是看包包的顏色是否有更新整體服裝效果。你可以用手機拍下五套衣服的照片，在買包的時候直接比對，搭配性是否夠強，如果有兩個新色的包款輪流配搭五件洋裝，那就會有十種不一樣的時尚表情，一個月算下來也才重複二次而已。

春夏季包款才是真正的基本款

在購買包款時抓住某些訣竅，就可以一整年色系都不用換季，祕訣就是都以春夏色調為主，而不要用黑、棕色。尤其春天色調比夏天更來得柔和，適用度最高。鼓勵大家和春天的包款做好朋友，你會發現對於低管理高時尚的法則幫助非常大。

春天的元素幾乎一整年都可以使用，買包習慣只考慮黑、咖啡等色系的人，可能無法接受一下子包款顏色有太大的變化，那麼試試從**你能接受的較淺色包款**開始，就能感覺到搭配色系的多元魅力。如果你真的需要一個黑或棕色的包款搭配，就不要選擇設計保守的包包，務必選擇體積小，或造型新穎的包型。

因此不要用品牌，而是要用顏色決定包包的購入和去留。同色系的包包，無論款型多不同，在五套衣服的搭配上都不會有太大的差別性。況且同色系包款越多，會越增加你搭配服裝時猶豫的時間。因此，每購入一個同色系包，就該送走一個。請減少搭配的複雜性，並增加購物的要求門檻，若是不足以讓你送走舊包的新品，就不值得夠入。相對的，要購入的包包最好是你尚未有的色系，可以增加整體搭配的多元性。這樣無須名牌加持，你的時尚氣場就已經足夠，因為大家看到的是你的品味魅力，而不是名牌包的價格。

大尺寸包的問題

另一個附帶提及的是包款尺寸的問題。

無論名牌與否，包包雖然有置物的功能，但是請千萬不要當成行李箱來使用。有些女性不喜歡換包包，常常把所有的家當都放進超大的托特包，然後扛著它通勤或是上班。甚至牌子越貴，包就越重，尤其亞洲女性身材嬌小，其實很難扛著大包或很重的包，還能美麗優雅得起來，當然也談不上搭配。如果你一開始不習慣拿掉東西，覺得沒安全感，建議你用其他輕質的提袋，把包包內佔體積的物品和隨身的小包包分開，開始練習幫你的包包減重。

很多年前我就開始精簡隨身包包的內容物，發現不但沒有不方便，反而行動上更俐落，辦事更有效率。體會了這個美妙之處後會上癮，之後我的包包尺寸就越來越小，本來只要可以放入皮夾即可，後來我也開始質疑皮夾的必要性，最後連笨重的皮夾都省去，只剩輕薄的卡夾。因為東西不多，我在換包包的時候非常容易。而包包尺寸越小，裝飾性就更強，你的時尚感整體度當然更加分，連逛街的腳步都會比較輕盈。

2

洋蔥選衣法

現在，我想你已準備好開始選擇你的最美五套，你可以按照自己喜歡的方式，如果不知道如何下手，也可以參考我執行已久的洋蔥選衣法，透過一層一層的篩選，最終找到有如真命天子般的五套衣服。

這個過程非常可貴，經過這樣的自我探索，從此你對目前的衣物和將來購買的衣物都會有不同的看法，而留下來服役的衣物和淘汰的衣物也都有清清楚楚的原因，這是重新認識「現在的自己」的重要開始。

洋蔥第一層：搭配成套，選出五套衣服選項的範圍

要選出適合的五套衣服，首先我會建議從目前的衣櫃下手，而不是去買新的。第一步先把衣服搭配成套，你可以大刀闊斧地把所有的衣物一次配套完畢，或是視自己衣物和時間的多寡分批完成。五套衣服的原則是要選出你衣服中最美的五套，因此第一步驟是選出成套的衣服，確認你有多少選擇。

對我而言，由於檢視所有衣櫥內的衣物要花相當的時間，因此想要畢其功於一役，所以我不只將「成不成套」當作選出五套衣服的目的，也當作衣物淘汰的標準。有一陣子，我每天只要有時間就進行衣物配搭的檢驗，等全部檢驗完，我的衣櫥瘦身完畢，五套衣服的選擇範圍也出爐。

要執行第一步時，最好先將目前衣櫃內所有的品項依類別集中。譬如上衣全部集中一處，褲子全部集中一處，裙子、洋裝、外套、包包、飾品等等全部依類別分好，不要交錯放置。

這個活動會在你的生活空間持續好一陣子，可以的話最好先把執行場所規劃出來，能夠容許暫時混亂的狀態，但之後會迎來大清爽。你需要有一個角落或空間進行衣物篩選，不論空間大小，都要能夠分成以下三個區域：

第一區：分類好的衣物（可以的話最好吊掛起來，方便拿取判別）

第二區：經檢驗淘汰的衣物

第三區：經檢驗成套，並可能成為五套選項的衣服

以我自己為例，第一區就是我原來的衣帽間，但已將品項集中擺放，方便搭配拿取。

第二區的衣物我將其放入置物箱，之後尚有他用。但為了整體的焦點清楚，所以我不再將這部分吊掛。第三區，我會用一個橫槓吊掛入選的衣服。

你還會需要可以照到全身的穿衣鏡，一台可以拍照的手機或相機，把自己的搭配拍下來。相片可以讓我們比較客觀地看到全身的影像，觀察顏色及各種長度比例在身上所呈現的體態效果。

假如有件衣服你一拿起來，就立即了解不會有好搭檔組合成一個好看搭配的可能性，或是直覺地不想和它重複相處一個月，那基本上就不用浪費時間，直接放入淘汰區，切記，只花時間在你覺得有潛力的衣物上。

所有淘汰掉、無法當作最美五套範圍內的衣物都請先不要丟棄，只須集中保管就可以，這些淘汰衣物對我們都有極大的幫助，後續會再詳述，希望這樣能幫助你做出明快的決定。

我們的目的是篩選出符合低管理高時尚的五套衣服，所以一定要完美的上下一套，不做其他搭配，然後不厭其煩地試穿和照鏡子。

如果是洋裝類，沒有上下搭配的問題，本身主題已經完整。如果是上衣和下身需要配搭的狀況，除了你平常熟悉的組合，衣櫥中是否還有其他能夠搭配的品項呢？請傾全力證明這是一件可以讓你更美的衣服，並且探索它的各種可能性，反正是在嘗試，所以可以更大膽地搭配。很有可能一件常穿的衣服，被你試出完全意想不到的效果，而意外有了買新衣的感覺。

若不是透過這樣專注地觀察，你很可能不會發現它其實和其他衣物會是更好的隊友，因為平常在趕著出門的時間壓力下，我們通常會以最安全、最不會出錯的搭配為優先。這個嘗試的過程甚為有趣，我自己就因為這些全新的搭配而多出了好多的「新衣組合」。

相信我，你會越做越順手，充滿了驚喜和樂趣，即使要花很多時間，但會很有斬獲，因為你在了解自己的衣櫃，但不是用看的或用翻的，而是穿上它們。在衣服選秀的過程中，努力面對買進來的每一個選擇，你從沒想過的絕妙搭配，也許早就在衣櫥裡等待。同時，也非常可能重新認識到自己買衣服的偏好，由於都是同一類的衣服，同質性太高，而讓過去的整體搭配無法呈現出太多不同的變化；又或是衣櫥裡有很多美麗但無法組成套的單品——這些都算是你的收穫，有利於往後購物時做調整。

上下穿搭完成一套主題之後，接著請拿出配件（包括飾品和包包），務求盡可能讓整體呈現出色搭配。

當你已經檢閱過所有的衣物後，就可以把組合成套的衣服移入衣櫃，其他淘汰的衣服請不要和這一區的衣服混淆並列，接著我們再進入洋蔥的第二層。

洋蔥第二層：決定從哪五套衣服開始

現在要開始找出讓你滿意度最高的五套衣物，一個月只需要五套，目前搭配好的衣服中，有哪五套是你最喜歡而且穿起來最美的，就從那五套當作你的起點。記得，這五套是應用在同一個月分，所以不能共用同一件單品，必須是各自獨立的一套。

這和斷捨離衣物的標準不同，斷捨離是找出你不要的，但現在是找出讓你最美的。選出最美五套（包含完整配件）之後，你應該要有以下感覺：

1. 穿上後身材感覺變好了（用全身鏡和相機拍照以便判斷）。
2. 穿上這圖案和顏色，整個人看起來氣色更好，更有精神。
3. 這些衣物都舒適得讓你不會想要換裝。

服裝的基本三要素就是版型、花色、材質，你可以思考五套中這三個重點與你契合的程度。檢驗的時候，記得用「比較」的方式，譬如A套比B套修飾度好，那你應該選擇A套。在比較中，請記得「你」永遠是焦點，不是衣服。

穿著入選的五套衣服，望著鏡中的你，甚至可以這樣問自己：

- 你覺得自己充滿自信嗎？
- 你覺得自己在最好的狀態嗎？
- 這整套衣服可以代表你嗎？
- 你會因為穿了這套衣服心情很好嗎？
- 你會希望大家看到這時的自己嗎？
- 你可以穿著這套衣服去大部分的場合而仍覺得得體大方嗎？
- 假設你穿了這套衣服遇見前男友，會覺得「好險，有顯現自己最好看的樣子」嗎？

最美麗的五套衣服，應該都是肯定的答案。我希望你的檢驗和標準夠嚴格，因為你只需要五套衣服，如果算上可能會加入的新衣服，你這個月需要的舊衣服也還是在五套以下。

目前的我，因為操作最美五套已有相當的時間，基於經驗值，選出的五套衣服鮮少有不合適的問題。然而剛開始實行最美五套時，一定會經常修正，但每一次修正就讓你更了解什麼樣的衣服適合和自己長時間相處。所以不要怕做錯決定，在檢驗過程中，只要發現不適合就可以直接歸入非五套衣服的區域，不需要等到一個月再撤換。

趕快動手找出第一個五套吧！

洋蔥第三層：實境檢驗

當你穿了一整天精心搭配的衣服回家後，請再一次決定這是不是你會選擇陪伴自己一個月的衣服，如果不是，原因是什麼？

之前在鏡子前畢竟是靜態的檢閱，當一天實際活動下來，你可能發現喜歡的衣服並不適合自己的生活方式，或是材質讓你相當不自在。

這點請務必「誠實以對」，先不要想著衣服不穿可惜，因為目前最重要的任務是找到真正適合你的衣服類型，這也是將來不再錯買的重要依據。所以請你當個非常機車的品管員，你越機車就越能真正地了解自己。你的標準越模糊，得出的結論也是模稜兩可，幫助不大。

總之，如此操練下去，你對衣服的要求會越來越高，因為標準益加清楚，你的決定下得更容易也更快。當你每天都在觀察、了解自己，到底什麼是適合的，什麼不是，日復一日，你的輪廓及個人特色就更加明顯突出。

正如同在每段戀愛之後，留給自己的省察越多，什麼樣的對象適合自己，條件也會越來越清楚。比起結束一段戀情後馬上投入另一段，這樣更能在未來找到可以長期相處的對象，在這點上，衣服和感情有著同樣的道理。

所以，停止再和衣服搞一夜情的短暫關係，祝你早日覓得能夠一個月長久相處的五套衣服。

如何更新與安排下一個五套

施行一段時間之後，衣櫥內的衣物會慢慢汰換成隨時都能夠上場的類型。安排下一個最美五套時，「更新」是不能省略的功課，因為更新意在提升美的標準和鍛鍊為自己擇物的能力，但由於一次只需安排五件，這就是小步小步地持續前進。

你可以嘗試全新的衣服品項，或是新的搭配方式。就算你非常滿意自己前一個月的選擇（記得幫自己鼓鼓掌），到下個月時還是要想辦法變化，不可以和上個月一模一樣。如果真的很想重複，我會建議「隔月」再重複。一個月五套是適當，但若變成兩個月，滿意度就會開始下降，生活中與你長期相處的家人、朋友或同事等，在視覺上也失去了新鮮感。

因此下個月五套的機會仍要讓一些給新的組合，讓自己繼續往前進。經歷不同搭配的洗禮，你的眼光更好了，有時回頭看之前的選擇，不見得仍有相同的想法；如果你還是很愛，那表示的確是真愛。如果你很習慣更新自己，就會了解自己的看法，常因為「更新」而改變。如果你很滿意自己現在的樣子，那就好好享受這個月，你有足夠的重複時間，但下個月的你會更好看，所以要繼續更新最美五套，不要停留在原地。

五套衣服一字排開後，整體的安排，記得檢查以下幾點：

1. 有沒有反映目前時節的巧思？
2. 這個月有任何特殊的場合或活動嗎？
3. 目前的聚焦品項為何？
4. 衣服加上配件可以勝任各種場合嗎？

隨著經驗增加，你也可以繼續加入提醒自己的檢查點。當中項目若有模糊的地方，記得再回顧前面章節詳細的解說，甚至可以加註特別適用於你個人的小提醒。

不怕麻煩的進階版，製作「地雷表」為分手留下紀錄

斷捨離的衣服就像你的舊情人，不一樣的是數量。舊情人好歹還可以酒後嘆口氣，娓娓道來那段感情，但丟棄衣服的數量繁多，如果要一一回顧每件衣服，我打賭你早忘了為什麼買，又為什麼丟了它。人健忘，但又有慣性，就如同你常會被同一個類型的對象吸引，其實你也會常被同一類的衣服吸引卻不自知。

我工作上常做的，就是看出品牌和設計師的慣性模式，並建議哪些部分可加以突破。正所謂旁觀者清，因為自己並不容易看見自

己的模式，除非可以跳脫來觀察，而最好的方式就是靠「紀錄」。紀錄能讓你用客觀的眼光，觀察自己的行為慣性。

當第二區的衣服在決定割捨之前，如果你像我一樣屬於不怕麻煩的追根究底型，不妨為每一件不適合的衣物留下紀錄，說明你為何割捨，避免自己下次又購置類似的款式。我會為所有丟棄的衣物詳細寫下不適合的原因，最後匯集成一張「地雷表」，從此只要添購新衣時就會先快速閱覽，是否有重蹈覆轍的可能。若你沒有特別寫下緣由，便只是光憑感覺丟衣服，但若寫下丟棄的原因，這時必須要將抽象的感覺具體地描述，這個過程會讓你和自己產生對話，了解為什麼不喜歡，你便可以更客觀深入地看到自己內心到底在想什麼。

譬如，我曾丟棄一件很漂亮的上衣，這件衣服本身沒什麼問題，但我就是很少穿。我可以直接就斷捨離，但因為要有個分手紀錄，所以開始仔細思考：「我為什麼這麼少穿它？」後來具體寫出的理由是：「因為我講話的時候手勢很多，袖子有太多裝飾的衣服都會讓我覺得累贅而不想穿。」我也因此在衣服的地雷表中，加上一條「袖子不可有太多裝飾」。

這一點和流行無關，完全是我個人的習慣。但想讓衣服順應自己的個性、習慣，需要更細微的觀察，具體寫下淘汰原因會很有幫助。這就是讓衣服順應你，而不是你去配合衣服。這些小小的細微處，都承載了你的個性和特色，累積起來就是專屬「你的樣子」。因為你和自己太不熟，所以才會買了以後又閒置，「分手紀錄」就是為了消弭所選購的衣服和內心的距離而寫的。

當我把「分手理由」放進個人的地雷表之後，無論看到多麼吸引人的衣服，只要和地雷表牴觸，我都不會入手。

書寫的好處之一是，你書寫的時候其實就在和自己對話，犯下錯誤的理由便比較能夠內化。好處之二是，往後買衣服的時候，就不會再犯同樣的錯誤。當然也許會有新的錯買理由，但只要舊錯不再犯，基本上你買的東西就會越來越「對」，閒置的可能越來越少——購買的衣服都為你喜愛並頻繁使用，百發百中的境界指日可待。如果你沒有清清楚楚地知道哪裡需要調整，摸索的時間就會比較長久。

打開我的衣櫃

其實，一直很猶豫要不要秀出私服照。以我從事流行預測行業的本能，深知流行方向永遠都是多樣並存，每一種服裝都有喜歡和討厭的人。

所以在此必須重申，這些圖片的重點是，幫助解說原則，而不是限制使用的物件。如果這些物件，剛好是你的菜，不需要相同的物件，只要掌握原則，就可以營造成你的樣子。如果恰好不是你的菜，也只需要了解原則，然後詮釋為你的style.。

這不是流行預測，而且篇幅有限，我決定舉例過去這兩三年，我個人重複使用率很高的衣物，來說明我的最美五套版本。

如果你看了這五件洋裝，覺得：「流行預測師閱衣無數，最美的五件就長這樣？沒有很驚人嘛。」這就對了（請記得你的感覺）！

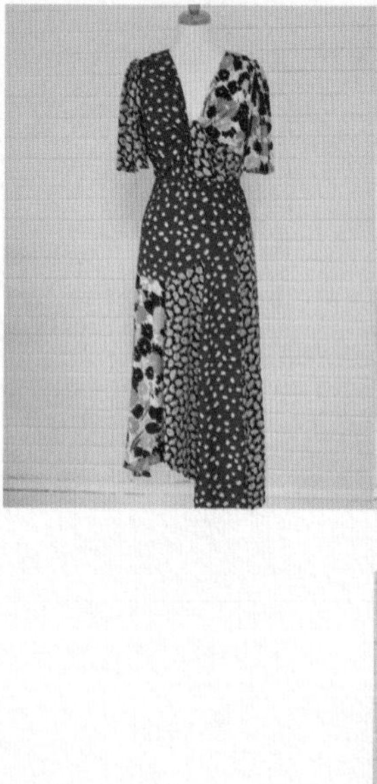

接下來，是搭配這五套衣服的包款。如果你也覺得：「這些包包顏色滿亮的，但也不是非常特別的夢幻逸品嘛～」這就是第二個對了（請記得你的感覺）！

現在是乍暖還涼的春天，搭配衣服和包包，還需要有早晚穿著的大衣。如果覺得：「天啊，這也太樸素了吧，我的外套還比較有花色呢！」這是第三個對了（請記得你的感覺）！

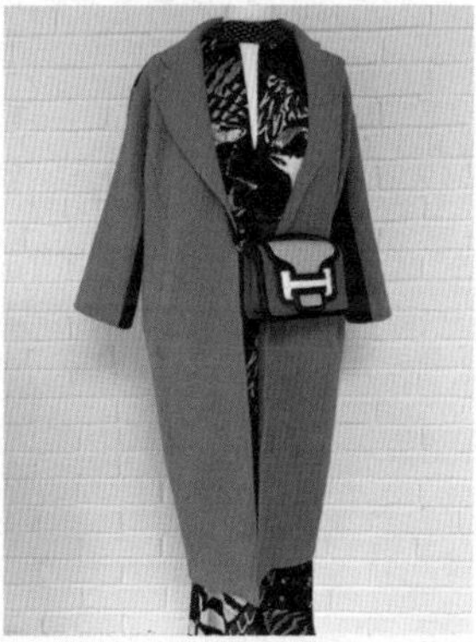

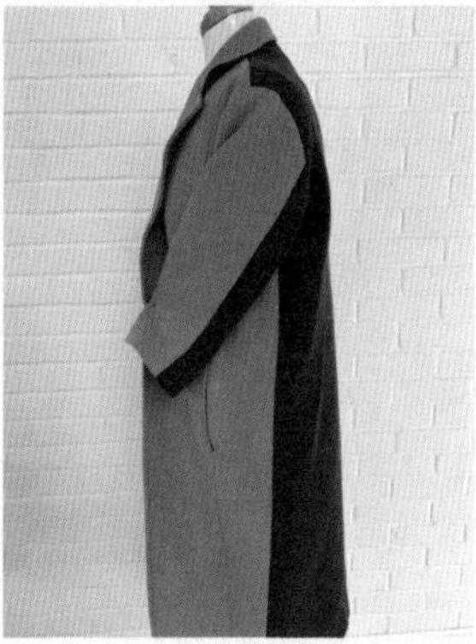

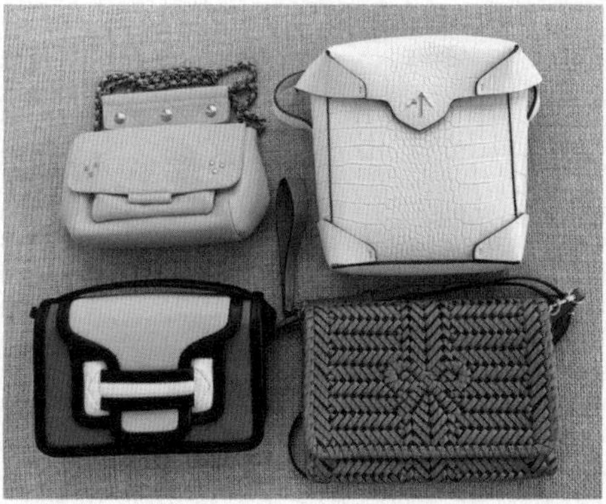

如果你有以上的感覺，有可能就會是你往後挑自己的最美五套時，需要稍微調整的角度。

首先，為什麼這樣的衣服是我的最美五套？張愛玲曾說，衣服是一種語言，隨身帶著的一種袖珍戲劇。

在這齣戲裡面，所謂的「最美五套」意為「讓你最美的五套」。因此在隨身帶著的袖珍劇裡，第一女主角是你，不是衣服、包包或大衣，排序應該是這樣的：

第一女主角：你

配角一：衣服（用來襯托女主角）

配角二：包包（用來襯托女主角和衣服）

配角三：大衣（用來襯托女主角、衣服和包包）

以這套洋裝配件來說，先確定藍色套裝是襯托女主角的配角一，沒有什麼比這個更重要，接著決定配角二，這樣就已經有足夠的主題。如有需要配角三上場時，必須不搶戲地增加層次感，仍是原主題。

所以從一到四，越後面的角色需要有更強大的陪襯和包容性。這樣加起來，就是一齣讓女主角可以得獎的戲。如果你總是用讓眼睛一亮的直覺法挑選衣物，等於是一直用徵選

配角一

配角二上場

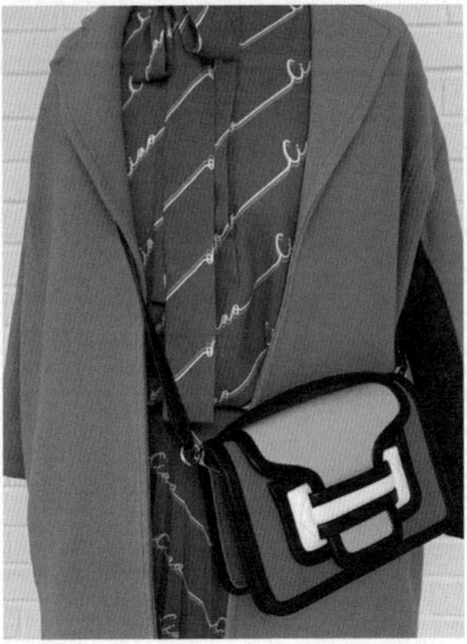

配角一二三全上場

第一女主角的方式在徵選各個角色，結果呢，女主角自然就被這些奪人眼目的物件給稀釋掉了，馬上退為襯托物件的配角。

關於配角一
五套洋裝

無論一件式或兩件式，基本上全身的花色主題盡量延伸完整，既可以有視覺上的修長感，又無須搭配上下身。近年來，因為執行最美五套原則，我幾乎已經完全屏除如以往般購買單件衣服，省去搭配的麻煩，這對消滅閒置衣物有非常大的幫助。

另外，我的個性喜歡新鮮感，容易厭倦，所以會刻意在適合自己的範圍內，拉大五套衣服的差異性，讓自己有完全不同的感覺，這樣五件也不嫌少。

更新

因為工作的關係，我習慣持續更新自己，但也希望控制在合理的範圍內。所以基本上，每個月我都會讓自己嘗試穿著新的圖案或版型。如果是沒有出差的月分，我通常是新舊摻雜，比例看當時的狀況，但一定有新有舊。

重複

我的衣服不會連兩個月完全相同，無論多喜歡，下個月我都會換成不同的五件。我習慣用理性的原則，平衡我的感性衝動，這也是訓練我的感官靈敏的方式。起碼隔月才會重現重複款式。

通常當我隔月再遇見舊愛時，會出現兩種結果：一種是，原來那件沒這麼適合我，還有更適合我的。另一種是，果然是真愛，穿得更開心了。

這樣進行良性淘汰，一年後我的衣櫃大不相同了，件件是精兵，淘汰也會趨緩，因為自己的好看樣貌越來越清楚。

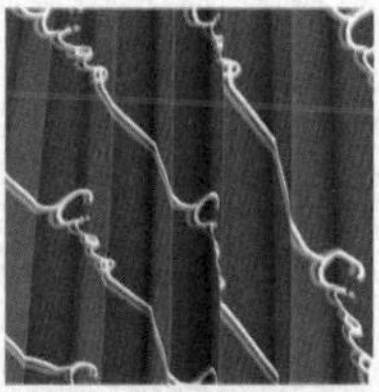

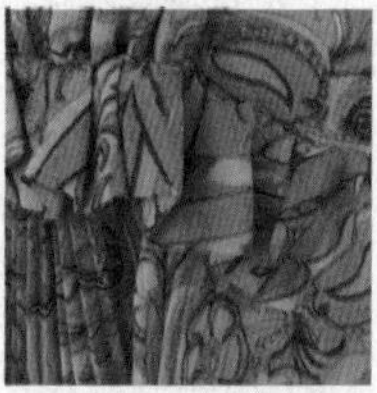
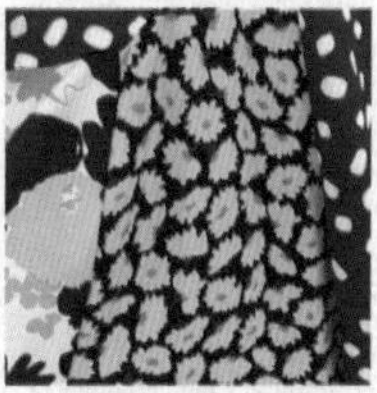
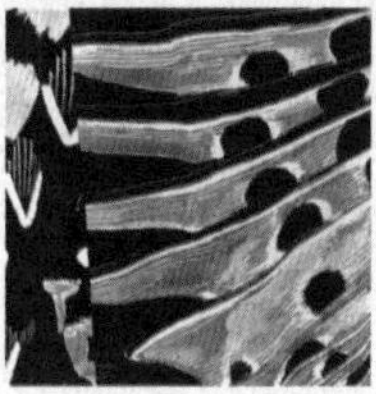

考慮服裝的目的性

穿衣除了考慮看得見的顏色版型等要件外，還需考慮個性。所以有人會覺得以自己的個性，絕不會穿什麼樣的衣服，或是一定都穿什麼樣的衣服。因為，這就是你啊，非常地理所當然。

以我的五套都是有腰身的洋裝來看，你可能會以為我非常女性化，或是很有女人味。但其實我思考偏向理性，講話走路都快，如果順著我的個性穿衣服，絕對就是「褲裝人」或是「軍裝人」。正因為如此，我選擇穿洋裝，一方面可以平衡我和別人說話的感覺，希望讓對方多點溫柔親切的感受，另外裙裝也會提醒自己，盡量腳步放慢，動作優雅些。（記得複習第四章，服裝可以對外界「說好話」和給自己力量。）

關於配角二

包款

選擇一個合適搭配的包，顏色是第一考量，第二才考慮款式。通常我希望一個包款要可以襯托五套衣服，這樣管理上就很省力。

為此，最好可以把要搭配的五套衣服的花色當作布樣拍在手機中，在逛街或是買包時，可以馬上實際拿出來比對。也許你突然被某個包款燒到，但一經比對，發現搭配得太勉強，起碼你可以冷靜一下，降低衝動購物的可能性。

除了顏色搭配五套衣服外，包包還須具備幾個襯托衣服的特色，才算夠格的配角，讓我以這幾個包為例，介紹一下它們有什麼襯托的能耐：

我把該月的五套衣服的裙襬集合，拍在同一張照片中，這樣買包包的時候只要拿出比對即可。

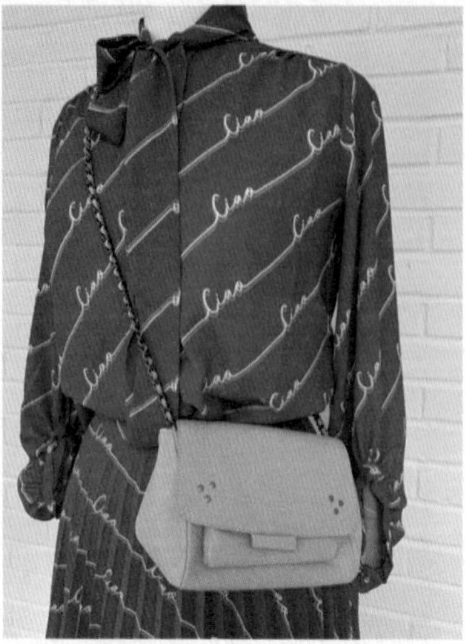

陪襯本領——帶有項鍊般的金屬光澤

每季都有的鍊帶包，因為鍊帶的金屬光澤能為衣服帶來恰恰好的裝飾效果，可以省去項鍊配件。但最好是你包款中最小的，且柔軟貼身，除了比較有裝飾感，更重要的是揹起來比較舒服。因為金屬鍊會比皮帶稍重，若包款大會讓人很想把包包拿下來。另外，在買包試揹時是空的，還要預估一下包內的重量，不要只顧照鏡子喔。

陪襯本領——

讓衣服有層次感的質地紋理

因為和皮膚接觸的服裝材質，大部分都是相對舒服光滑的平面，織紋包的皮革織紋就可以提供了整體配搭上材質的豐富性，更有層次和時尚感。不只是編織，所有包類的異材質其實都可能和服裝搭出層次的感覺，建議可以大膽地嘗試各種組合。

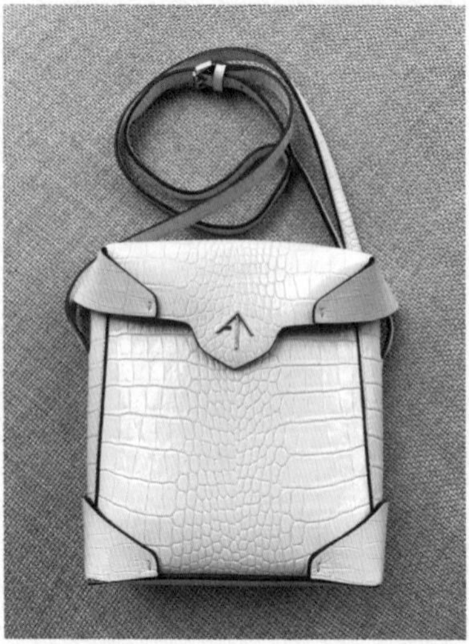

陪襯本領——
讓服裝具反差時尚效果

時尚感常常來自有「反差」所產生的魅力。譬如迷彩圖案的寬大男友上衣，穿在韓妞弱不禁風的細細肩膀和筷子腿，這種反差正好產生了時尚感。如果迷彩男友上衣穿在一個膚色古銅、身材健壯的女生身上，雖然更符合迷彩的氣氛，但就成了要去從軍的氣概，沒了時尚感，因為「反差」消失了。

同樣的，中性包款放在中性服裝上只是剛好而已，如果放在極女性化的衣服，則會因為反差而有了時尚感。所以可以考慮入手和你的服裝有反差感的包款。

陪襯本領——
點亮衣服的撞色設計

無須多說，一個同時擁有春夏和秋冬色系的撞色包包，會是你四季皆宜的好朋友，應該是最划算的投資，百變的效果絕對勝過黑棕基本款。這些色階輕易地點亮衣服，又帶點小個性。就像一個非常專業的配角老鳥，不但懂得支撐主角，自己還帶點戲，只要我看到是絕對會延攬的。

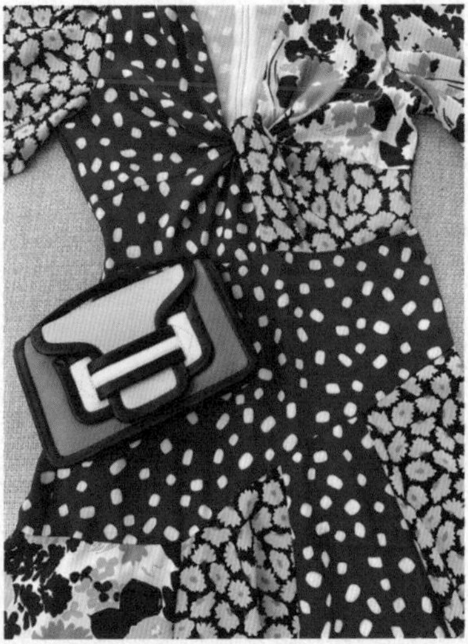

在時尚的變化和便於管理的平衡中，基本上我每星期會換一個包，包包和五套衣服都可以配搭。如此一來，雖然一個月只有五套衣服，但幾乎每天的配色都沒有重複過。

一星期換一次包，對我是剛好的頻率。但你可以決定自己覺得操作起來最適合的頻率，也許是兩個星期換一次包，也許是一個月。但重點是，包包是你最方便更新衣服的方式。在下個月的更新時，如果你想穿同款衣服，只要更新包包就可以產生不同顏色的組合。

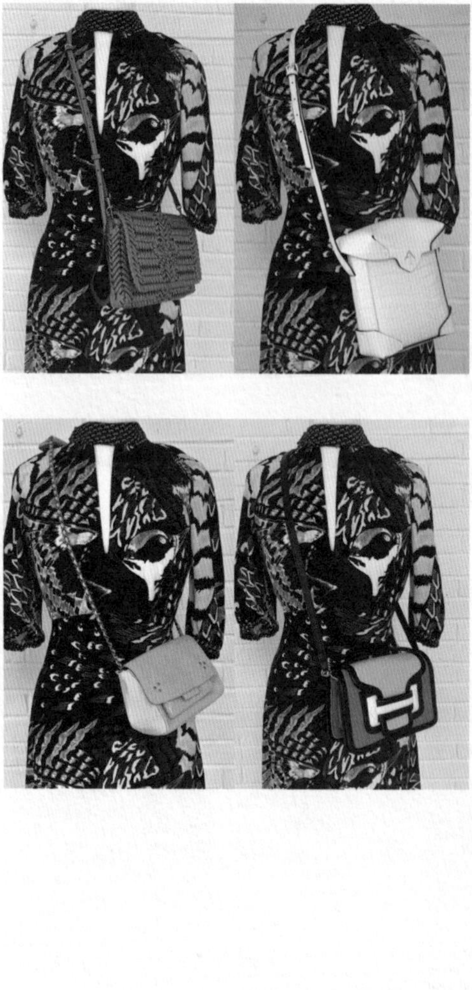

關於配角三

外套

最美五套各自是獨立的宣言，但外套相反，最好能搭配你大部分的衣物。不然如果你每個內搭都需要不同的外套，光是外套收納的體積就令人煩躁。

外套是配角三，要有最好的包容性，花色讓配角一和二去發揮就好了，因此我的外套大都是單色，並且都可以搭配所有五套衣服。

另外，能夠搭配大部分的衣服，好配角大衣的版型也很重要。譬如，這件大衣的版型為垂肩，軟結構的「繭形」，因為中廣下收的版型，裡面的空間可以讓搭配的衣服相當有彈性，即使是有體積的秋冬衣物也可以線條很順地完整包覆，不會卡卡的，但下襬是收口，所以不會覺得擁腫，走起路來下襬還是可以很俐落。

如果你選擇很合身的外套，裡面可以搭配的服裝會變得很侷限，一旦內穿稍有厚度的衣服，線條就會有綁住或卡住的感覺。繭形的空間，讓整體線條順暢，是我很喜歡的外套

五套衣服，重新排列組合配角二和三，就構成不同的一齣戲。

版型之一。

由於五套衣服已經有腰身，大部分的正式場合會脫掉外套，裡面的衣物應該已足應付。有穿外套的狀況大都是行動中，因此材質舒適，線條優雅不緊身，甚至搭配周末的放鬆服或是有些厚度的衣服，也都合宜。

你不一定要選擇繭形外套，但樣式能夠搭配你正式和休閒衣物的大衣會比較多用途，且切忌太軟的材質，如果沒有撐起一個基本的型，會很像睡袍。長度上，我一向偏向使用長外套，不會和裡面的衣服形成上下兩截色塊，視覺上有延伸感，整體修飾效果會比較好，

3

五套衣服之外

晚禮服

對外，仍然有一種場合，是無法運用最美五套的。

那就是規定著禮服的晚宴場合。對我而言，這種晚宴不是天天都有，但一年中總有幾次。當邀請卡上註明「請著晚禮服入場」，在這種隆重的場合，即使我的最美五套掛滿珠寶，也達不到盛裝的要求，因為服裝的主體就不對了。

以前參加這種隆重的場合，臨到時總是會讓人擔心自己是否準備妥當（這時就不禁羨慕，男性實在容易處理得多）。有時參加晚會的前幾日就會開始不安，覺得一定要穿一件新的晚禮服，偏偏這種晚禮服不像一般成衣，到處都有賣，於是就會匆忙前往幾間品牌，然後在不多的選擇中決定一件。這個時候很容易陷入不理智的狀態，往往買下價格過高的禮服，甚至買了兩天便後悔了，於是又去別間店買了另外一款禮服。不管最後選哪一件，當天晚上穿過之後就又掛起來，曝光僅幾個小時，惱人的是，這些禮服在收納還非常佔空間。

好看是值得重複的

自從開始五件洋裝的生活後，我就不再購買這種穿著次數很少的晚禮服了。因為已經習慣一個月如此頻繁地使用五套衣服，晚禮服對我而言，穿著頻率太低價格又高，非常不符合我的最美五套法則。於是衣櫃只保留了三件我非常喜愛的晚禮服，其他的都已經斷捨離。

有少數場合，我必須穿著款式特殊的禮服，若原有的禮服無法符合，我會選擇租賃的方式而不是購買新的。因此我再也沒有為特殊場合添購新禮服，這些隆重場合也不會對我的衣櫥空間造成負擔。

留下來的這幾件晚禮服，不僅很適合我，款式也禁得起時間的考驗，所以我會繼續在大型晚會中輪流穿。其實這類大型的宴會社交場合，很多都是一年一次，三件禮服輪番上陣，我起碼要第四年才會再重複，屆時別人應該不會記得我三年前穿了什麼衣服。以最美五套法則來說，好看是絕對值得重複的。我並不是有媒體曝光考量的名人，實在不用太擔心重複的問題，而有曝光考量的娛樂圈名人常常也都有廠商贊助，沒有商業考量的一般人，對重複穿著禮服這件事應該要以輕鬆的態度面對。

在公眾人物的時尚穿著中，我非常欣賞英國的凱特王妃，而且我想不出誰穿衣服的壓力比她更大。因為大家對風靡全球的黛安娜王妃印象太深刻，故人已逝，她的美麗和品味，永遠被凝結在最完美的狀態。因此凱特成為王妃的第一天開始，就面臨每一個裝扮，都會被拿出來和黛妃的超高標準做比較，承受巨大的壓力，但她居然也成功走出了自己的風格和品味，成為對新一代有時尚影響力的人物。

成就她廣受大眾喜愛的時尚品味的裝扮中，還包括她常重複穿舊衣服，即使那件衣服已被媒體拍過，那些好看的樣子，之後常常又會出現在另一個極為合適的場合中，而且看起來依舊非常襯托她，仍然是經典。

如果連穿衣有龐大壓力的凱特王妃，都不在意重複「好看的樣子」，那真的不要太在意大家有沒有看過你這件禮服。先確定好不好看，如果真的很好看，那便是值得讓大家都記住。如果並沒有這麼好看，即使每件都沒有重複過，也沒有什麼意義，這和最美五套的法則是完全相同的。

如果哪一天我買了新的禮服，絕對是因為找到一件更適合的禮服，我同時也會淘汰一件舊的，維持簡單的數量在最好的狀態。

儀式服

不論你是單身或是已婚，在家的日常衣著，因為不常被外人看見，普遍都被認為沒有什麼重要性，你不會看到有時尚建議是關於在家煮飯要穿什麼衣服，很多人也都是隨意穿。的確，我們穿衣服經常是為了別人，當只有面對自己的時候，只要舒服就好，甚至能耐髒更好。在這種沒有鎂光燈照到的地方還花錢置裝，簡直是錦衣夜行。

但這樣你就錯失了服裝可以帶給你最棒的禮物，那就是賦予你內在的力量。

服裝的神奇力量

你一定有過這種經驗，過往看到某個人一直都是穿著制服的狀態，有一天當對方穿著其他的衣服，你就愣了一下，因為完全沒有那個氣場，差一點認不出來。像我女兒樂團的老師，是個小有名氣的演奏家，之前幾次看到他都是穿著黑西裝、白襯衫，有個周末我和家人在漢堡店吃午餐的時候，一個穿短褲、夾腳拖、T恤的人，遠遠隔了幾桌一直向我微笑還揮手，我當下非常納悶，覺得怪怪的選擇不理會。後來他悻悻然地離開，我女兒小聲地說：「幹嘛不揮手，那是我樂團老師啦。」我才恍然大悟趕快追出去。

又譬如一個普通的女性在街上沒有人會側目，但當她穿上空姐的制服去上班，跟著一群著制服的空服員同事走過機場大廳的時候，所有的旅客莫不多看兩眼。明明是同一個人，只因為服裝的差別，就有了迥然相異的氣場，帶給人完全不同的觀感，這就是服裝的神奇力量。

因此許多的工作，若需要表現出一致性的精準印象，就會利用服裝來傳達，不論是軍人的挺拔、警察的紀律、護理師的整潔、學生的朝氣……都藉由制服讓看到的人，秒懂並接收所有的訊息。

如果沒有服裝，得花多少的言語才能達到服裝要傳達的這些意念？想像你去醫院，一個沒有穿制服的護理師，穿著牛仔褲和球鞋說要幫你打針，你會不會有點猶豫？或是你要去登機的時候，看到一個人，穿著舒服的T恤和運動垮褲，一手拿杯咖啡一手拖行李箱，居然是你的機長要來開飛機，你會不會有點緊張？

但大家往往忽略了，這個神奇的力量，不只觀看者感受到，對穿者本身，也是有力量的。因為這個氣場的形成，還包括了穿著的態度。當身穿這件制服時，會提醒你做這個工作所需要的儀態、專業和榮譽，提醒你所扮演的角色和身分。

因此衣服，你不只應該穿給別人看，更應該穿給自己看，尤其在沒有人看到的地方，這些衣服會加添給你力量，讓你朝希望的自己前進。

這些衣服是屬於最美五套之外的，究竟有哪些方向和種類，以下將詳述。

儀式服之一：運動的時候

自從疫情開始，我常去的健身房關門，只好自己在家練瑜伽。以往上健身房，看著前排的年輕巴西美眉，翹著屁股露著小麥肌，我當然會卯起來穿美麗的瑜伽服（因為也只能靠衣服了）。但自己關起門來做瑜伽，只有自己看，其實穿什麼舒適的衣服都可以不是嗎？不出門的日子，穿著舒適的家居服做瑜伽，而且一整天下來都不用換衣服，多輕鬆啊。這就是我一開始的念頭。但幾次下來我發現，一旦衣著隨便，做起運動，態度也開始隨便起來。因為休閒服不似瑜伽服這麼貼身，身體的曲線不明顯，到底動作有沒有到位，其實也看不到，於是經常草草結束。甚至本來在看螢幕上的瑜伽影片，看到一半變成在看滑入的訊息。

幾天後，我發現了問題的所在，於是便堅持運動的時候即使是自己關起門來做，還是要穿上專業的瑜伽服。這是一種儀式感，告訴自己今天的身體也請多指教，因為我要開始運動了！瑜伽服貼身的線條，馬上有了運動的氛圍，精神抖擻地看到自己每一吋肌肉有沒有到位，勉勵自己還可以做得更好，這就是儀式感服裝的力量。

換了衣服後，我的心態驟然改變，也就維持住每天做瑜伽的習慣。如果你生活中希望養成某些習慣，但常常挫敗，也許儀式服可以幫助你克服低潮。

衣著會影響我們對別人的看法，也會影響對自己的看法。因為我們眼睛所見，都會限縮或是擴張我們的想像空間，所以要經常餵養我們的想像，讓自己相信還會有更好的可能性，這會給我們前進的動力，並且是為自己而不是為別人。

儀式服之二：料理的時候

大約五年前，我終於下定決心，開始研究怎麼增進廚藝。我自學的方法很簡單，就是晚上如果下廚，希望每一次的菜色都不重複，把握每一次煮飯的機會，這樣就可以學到更多道菜。

自此我就沒有間斷，譬如買了一大包茄子，我會分成幾份，然後每一份都嘗試不同的料理方式。疫情期間，龍蝦價格大跌，於是也買了幾批龍蝦，用了十幾種煮法烹調，包含法式名廚手續繁複的龍蝦湯、美式豪邁的奶油焗、香料的吮指料理、廣式茶樓的蔥蒜炒法等等，我都興致勃勃地嘗試。對我而言，每當了解其中的差異在哪裡，好像又打開了一扇門。幾年下來，包含各國料理，我已經做超過一千道食譜，總算是從廚藝的門外走到門內。

當我決定要探索廚藝時，自然也有專屬廚房工作的儀式服。因為在五套衣服不換裝的原則下，我經常直接穿著上班的衣服煮晚飯，功能上的確需要圍裙來保護一下衣服，所以我很願意花錢買圍裙，甚至出國旅遊也會留意有沒有精彩的圍裙。因此我的圍裙花色，有著各式各樣的主題，穿上喜愛的圍裙總是令我心情大好，綁好腰帶也像個儀式，準備開始料理一道沒做過的新菜色。

通常，當我決定要把某個活動規律地納進生活中，好好地精進，我就會準備一套漂亮、具有儀式感的衣服，也可以說是進行這個活動的制服。「制服」這兩個字，總會讓人聯想到被管控，很多人都避之唯恐不及，寧可隨便穿，也不想要有制服。但其實我們早已脫離學校了，可以選擇任何漂亮的衣服當作你的制服。

儀式服之三：園藝工作的時候

最近我開始了解園藝。以往植物只要被我照顧必定枯萎，但因為疫情在家時，偶然把一包躺在抽屜沉睡兩年的種子，種成比我還高的五彩花叢，彷彿叫醒了睡美人。看到種子的生命力，讓我覺得大自然好不可思議，從此好奇心大噴發，整個夏天開始實驗種植各種種子。

之前我家偌大院子的各種工作，都是委託專業的庭園公司處理，但今年夏天，因為美國的疫情嚴峻，我們意外被迫和自己的房子長時間相處。我開始在前院後院認識各種花卉植物、除雜草、種植、育苗、研究病蟲害等。我從當中得到很大的快樂，當意識到自己希望把這個園藝工作，當成生活的一部分時，我就開始尋找具儀式感的園藝制服。

這件制服功能上必須要連身（蚊蟲才不容易跑進去），以及是容易清洗的棉質，剛好最近幾季流行上下連身的jumper就符合我的要求，於是在我喜歡的流行女裝品牌中，精挑細選找到了一套喜歡的作為園藝工作服。也許有人會覺得，既然要去挖土，幹嘛花錢去挑流行的品牌，應該穿最不怕髒的衣服吧。但對我而言，這是一個儀式感，只要去進行園藝工作，我就會穿上這套美麗的制服，連雨鞋都是和jumper花色搭配成套，讓我可以心情愉悅地進入大自然的世界。

所以五套衣服之外，這些儀式感的衣服，也是你好好過生活的象徵。就算是只需要面對自己的時候，你更應該穿給自己看。**儀式感服裝所帶給你的力量，就是每天的禮物。**

何時該買儀式服

雖然儀式感的衣服不在五套之列，但為了維持低管理的原則，務必考慮數量及必要性。千萬不要各種活動都來一套儀式服，把自己弄得疲憊不堪。以下是幾點關於儀式服的建議：

1. 你從事的這項活動，確實對衣服有「功能性」上的需要，譬如上述的運動、煮菜、園藝等活動。不要只是為了轉換心情而換衣服，如果沒有特殊服裝功能性上的需求，請利用五套衣服去達成這些目的就好了，不要額外添購。

2. 關於件數，請依活動的頻繁度和換洗程度，自行規定好固定的數量。如果恰當的件數是三件，那就不要輕易更改這個數量，如果看到更好的想要入手，就必須淘汰一件舊的，免得在這個項目失守。

3. 儀式服的挑選，可以貪心地滿足自己的愛美慾望，讓每次穿上就有好心情，非常值得。

4. 千萬不要一開始從事一個新活動，就先買一套儀式服。應該先考驗自己持續一陣子，設定一點小挑戰或門檻，如果

突破了，決定要納入生活中，才需要給自己一套儀式服

——有點像自己的勳章，讓你為自己感到驕傲。

放鬆服

你買衣服下決定的時候都在想什麼畫面？想到某個吸引你的穿搭照片？想要和朋友聚會受大家讚美的畫面？總之，你心裡的畫面絕對不會是躺在沙發上追劇、和小孩大啖零食，甚至傷風感冒臥床的畫面。因為你會認為，做這些事穿什麼都可以不是嗎？這些居家的慵懶日，運動衣、毛球衣、睡衣，怎麼舒服怎麼穿吧。

但「放鬆」的日常，其實也是我們生活中重要的一部分，值得被好好對待。如果你只需要五套衣服，那多出來的預算可以考慮購置這個項目，具備流行感又高度舒適的成套衣物是必要的。需要流行感的原因是，即使是處於這種不思考的時刻，你也已經做好準備了（和最美五套的道理是相同的）。

又或者，就算只是待在家沒有出門，但最常看到你的就是先生和小孩，這些日積月累的家庭片段，你在大家的記憶中又是什麼樣貌呢？雖然買衣服時，腦中出現的片段大多不是平凡時刻，但這些日常才是組成我們生活的重要的片段。這些重要片段，也值得你穿著舒適又好看的衣服度過。

讓身心舒適的放鬆服

英文中稱一些暖心暖胃的食物為comfort food，這些食物讓你在身體和心理需要撫慰的時候提供溫暖。吃著comfort food的你，也需要comfort wear，在五套衣服之外，具流行感又讓身心舒適的衣服，我稱作「放鬆服」。

經歷了忙碌的周間，有時假日只想在家耍廢，整個人都在省電模式，這個時候就輪到我的comfort wear 上場。我的放鬆服都是精心挑選，好看舒適的成套衣物，因為已經成套，所以隨時都可以穿出門不用再去找外出服。若天氣稍冷，出門時我會在放鬆服外面套上長大衣，再配上一個跳色的斜揹小包。這樣的打扮，在假日出入任合場所都很合宜，也不用再換衣服。

我的放鬆服，除了在發懶的周末穿，還有不定時偏頭痛來訪的日子也會穿。我的偏頭痛一旦發作，會糾纏起碼三天以上，這三天一定都是放鬆服陪著我。在無法思考的狀況下，如有必要我可以直接下床，不用更換衣服就去醫院，但服裝儀容還是非常得體。有一次我因為偏頭痛嘔吐不止，家中剛好沒人，我的猶太鄰居趕快衝過來帶我去急診，我直接從床上滾下來、披上長大衣就走。事後每次聊到那件事時，她總是笑說：「你是我唯一看到嘔吐還很優雅的人，真是服了你。」其實我當時根本已經痛得不知道自己在做什麼，我想可能是那套衣服給人家的感覺。

衣服是一種準備，一種態度。是我為最糟的時刻做好的準備，讓我們有能力可以不要分心，加添我們面對困難的力量。

不論是放鬆的時刻，或面對未知的時刻，希望衣服和你，都是在準備好的狀態。

周末穿什麼

五套衣服應付周間，也許你會問，那周末穿什麼？

基本上五套衣服是你活動的最大公約數，所謂的活動，並不分周間周末，因此如果你周末剛好有需要穿著得體的場合，仍然可以穿最美五套之一赴約。如果是對你極重要的場合，那麼在每個月規劃五套衣服時，應當早早就規劃進去。若是不需要特意裝扮，仍能以成套的放鬆服外出，進行自己的嗜好則有儀式服陪伴。

但除此之外，周末對我們來說還有個最重要的任務：一個沒有什麼特別安排的日常周末，就是「研發」下個月穿什麼的最好時段。一般人都是有特殊場合才特別慎重地打扮，而慎重場合通常都是對自己極重要的場合，因為不能搞砸，所以希望這天要最好看。但，你怎麼知道自己那天會最好看呢？好看這種事，可不是當天用力就好。

有學習樂器的人都知道，樂器需要每天練習，甚至連大師級的音樂家也不例外。難道他們會不知道如何演奏樂曲嗎？但事實上除了練習樂曲外，最重要的是練習肌肉。練習吹奏樂器的脣部肌肉，練習彈奏鍵盤的手指肌肉，弦樂器則需要練習同時拉弓和指法變換的手臂和手指肌肉。長年讓這些肌肉鍛鍊到一定的水準，可以讓身體成為樂器的延伸。但這個靠的是肌肉的記憶，一旦疏於練習，找回肌肉的記憶就比較困難。每天練習，就是為了讓肌肉保持最佳的記憶狀態。

而你每日維持自己最好看的標準，就像音樂家維持演奏使肌肉處在最佳狀態一樣。一般人普遍依場合打扮，既然大事很少發生，因此平日便沒有刻意找出自己最美可能性的機會。遇到特殊場合才開始準備，就好像一個平時不練習的音樂家突然要上台開演奏會，因此要慎重打扮的時候，就會突然變得很不像平常的你。這點只要翻開很多人的結婚照就可以發現，結婚照很漂亮，但看不出來新娘是誰。因為突然要拿出最高標準，自己沒把握也沒想法，乾脆就交給專業人士。但專業是「技術」上的專業，沒有人是「了解你」的專家。如果你非常了解自己，就可以在跟彩妝師或造型師溝通時，清楚表達你適合什麼樣的打扮，這樣才比較有可能透過對方的技巧，打造出屬於你的好看模樣。

最美五套會不斷鍛鍊你對自己的美感標準，就像音樂家鍛鍊演奏的肌肉一樣。下個月的五套衣服，你若想要有不一樣的自我突破，周末是最好的實驗時間。如此一來，我相信下個月，你已經準備好可以在五套衣服中，給自己一些穿著上的新意。可以嘗試穿著新的搭配，走去小七繳帳單、陪孩子散步、和男友喝咖啡、和女友逛街等，做些日常的事，感覺一下這個穿法自在嗎？需要調整什麼？一旦習慣如此操練，每當有重要場合的時候，只要拿出平日的篤定就可以應付了，而且這種美感更是渾然天成，因為本來就是你每天的樣子。

4

我們到底為什麼穿衣服？

在你開口以前，服裝已經向對方喊話！

我們穿衣服早已跳脫蔽體禦寒的目的，所以你曾經認真思考過穿衣服是為了什麼嗎？

有一次我在看電視時，偶然轉到一個插花節目，本想停留一下，結果主持人剛開場閒聊，都還沒有開始插花我就已經轉台了。從我停留到決定轉台總共只有二十秒。事後回想，為什麼本來想看插花，後來很快就決定不看了呢？非常有可能是我看到那個插花老師的穿著風格，並不是我喜歡的類型，所以甚至連自己內心已經下了評斷都沒有察覺，便直覺地轉台了。

事實上，很多日常生活上大大小小的選擇，在還沒有進一步的資訊前，眼睛已經根據看到的一切默默做了決定而我們卻不自知，通常這稱為直覺。

英文有句諺語「don’t judge a book by its cover」，我們也常被告誡「不要以貌取人」，顯然中西方都有這樣的共識，證明事實和我們表面看到的往往不同，外表常常會誤導你，所以不要太相信眼睛所做出的直覺判斷。甚至我在經營奢侈品品牌時，也遇過穿夾腳拖，但從包包拿出幾十萬現金結帳的客人。因此我總是教導銷售接待人員，不要以外表來判斷走進來的人不是潛在客戶，而給予輕忽的態度。既然從古至今、從東到西，都要這麼費力提醒，可見轉念並不容易。

但這其實還包含另一個被忽略的事實，**眼睛所見確實是判別的第一道關卡**，甚至還沒有意識到就已經有直覺的意念，如果是這樣，我們何必要和自己過不去，去挑戰別人的識別能力呢？這對我們有百害而無一利，不是嗎？

那麼，我們希望別人看到自己的時候，看到什麼？我們的外表，是不是有恰如其分地表達出我們想要傳達的訊息？服裝其實是在放送一種強而有力卻無聲的語言，還沒有開口之前，你的服裝已經在替你說話了。而面對你的人，也已經在不自知的狀態下解讀你。

當外表將我們恰如其分地傳達時，你會發現開口的時候，比較能夠得到預期中的反應，甚至更好，因為對方已經從自己的判斷預備好如何和你應對。當外表沒有和我們表達一致時，有時甚至要透過更多的話語才能扭轉別人先入為主的印象。況且一天之中，大部分我們在外見到的人，互動都是蜻蜓點水，沒有時間對你進行更多了解，你也永遠不會知道自己錯過了什麼，就像那個插花老師失去了我的關注，她也永遠都不會知道。

但人生的機運不就是從許多小小的連結開始嗎？

因此打理自己是幫助對方了解我們，何不極大化這個方法，從自己衣櫥的最佳品項開始，打造五套最合宜的裝扮，天天都享受這種好處呢？看看你的好連結會帶你去哪裡。

讓衣服先為你說好話

有人覺得，穿衣服是為了自己，何必管別人的眼光，但其實很大一部分是為了別人，如果只是為了自己，那許多昂貴的名牌可能都會滯銷。因為很多人購買名牌奢侈品的心態，當然包含了希望被別人欣賞、讚美、羨慕的念頭在其中，或隱約希望別人把自己歸類在哪一種階層。

但這種擺明了就是「要你羨慕和讚美」的想法，如果轉成話語，聽的人一定覺得很刺耳不舒服，如果用前述「把衣服當作一種語言」的概念去思考，突然間，你就會顧慮到這樣子的打扮是否是帶來好感度的語言。

同理，這就不難理解，有次聖誕節過後，我看到一位法國女性友人揹了一個價格不菲的名牌包，但上面滿是使用過磨舊的痕跡，好像被蹂躪了十年一樣。一百八十公分模特兒身材的她，其實穿什麼都很像時尚廣告，但她的個性灑脫，眼神迷濛，一副無所謂的樣子，這個磨舊的名牌包，她揹得很瀟灑又隨興，隨便就甩在桌上，的確迷人。我很了解她地說：「你的禮物？」她眼睛一亮：「對啊，我想要這個包很久了，我老公終於找到我要的磨舊樣子！」

無獨有偶，我也聽到法國人在採訪中說，其實他們對於品牌

「刺眼」的識別非常敏感，不要說對價格避而不談，甚至法國人買賓士車，還有一種服務是幫你把賓士車的標籤完全去除得乾乾淨淨。因為他們想要享受好的品質，但不想讓旁人感受到炫耀般的刺眼。如果沒有品牌logo你仍看得懂那是什麼車，那就是你的好眼力，但絕對不是他敲鑼打鼓地告訴你（或者也可以說，如果是因為看到logo才稱讚，他們覺得這種溢美之詞太廉價，也不需要）。確實如此，我在巴黎街頭看到的許多美女，身上很少出現那些在亞洲火紅的奢侈品牌logo。

有一次在台灣電視節目中，看到藝人分享所擁有的法國名牌包，上面的品牌logo甚至還附有LED燈的照明，她很自豪地說這是品牌的限量款，我也相信這一定是限量特別製作，因為一般法國人應該不會買這個款式。

所以當你想用品牌識別成就氣場的時候，也許可以思考一下，換成服裝語言，是「刺耳」還是「如沐春風」呢？

此外，服裝與場合是否相符，又是另一個考量。

我們常常身處在扮演不同角色的場景和環境，目前這樣的流行穿著，你有思考過適合那個場域嗎？譬如你的腿白皙、又直又長，為何不能穿熱褲去接小孩下課？你喜歡荷葉邊和蕾絲，為什麼不能穿著滿身荷葉蕾絲的公主造型去上班？或是不管幾歲，只要身材好，五十歲也驕傲地穿著二十歲的流行。

沒有人規定不行，但這樣服裝語言如果和場域的氣氛相差大太，就會有一種卡卡的格格不入感。

我們常常聽到有一句話說「對事不對人」，但事實上這是不可能的，我們永遠都先對人，而後對事，因為所有的事都是人做出來的，怎麼可能排除對人的觀感。你一定也經歷過，我們常常會對直覺上比較認同的人，給予更多的犯錯空間和理由或是較高的評價。反之，也容易因為先入為主「非我族類」的印象，甚至對對方無意的行為做出負面的解讀。這都是很普遍的人性，既然如此，**就不要挑戰人性，好好地讓衣服為我們說好話**。

這也是為什麼任何電影戲劇都需要劇服設計，因為隨著劇中人的打扮，在劇情展開前，衣服已經開始和我們對話，從開演的第一個鏡頭，我們的大腦已經可以解讀到這個人物的大概個性、職業、生活方式等等的訊息暗示。

而在真實生活中，不論你是什麼樣的年齡、身分，每一個人都有數個要扮演的角色。而各角色穿梭的場景就是你的舞台，在每一個不同的舞台中，你都穿出最好的自己了嗎？最好的自己並不是最貴的意思，而是代表「在這個角色，你所想扮演的最美好的一面」。

衣服最棒的地方，就是它可以帶你進入一個你想要變成的版本，不但影響別人對你先入為主的態度，也影響你自己的心情。你不打理它，其實只是漠視它對你的影響。

如果你把每天實際的生活場景列出來，你會發現雖然要扮演好幾個角色，但角色都是重複的，你是日復一日穿梭在這幾個角色中。然而你購買的衣物有完全反映這些生活嗎？如果閉起眼睛，在這些每天重複出現的場景中，你希望自己的美好模樣是什麼？大家現在看到的你是這樣的你嗎？你目前所擁有的衣物，有確實反映出這個影像嗎？你買衣服、穿衣服前，花多少時間想這些問題呢？

大部分的人可能花更多的時間去看別人穿搭，然後像洗腦般想要套用在自己身上，但很少觀想自己。你可能常常為了一個特殊場合去狂找衣服，穿完之後束之高閣；但對於自己平日經常出現的場域，卻漫不經心，覺得不重要。

其實「日常場景」的佔比，才是構成我們人生大部分的畫面，當列出自己出現的角色場景後，你應該把自己當作幕後的造型設計，把心中想像的這個角色穿出來——不需要千變萬化，只需要精心打造五套美好戲服。不是只有電影角色或藝人需要被設計，**你自己也要為你的人生腳本設計**。一旦設計好，你隨時都能以最佳姿態上場。

建議你寫下對每個角色的期待，然後開始探索如何穿得貼近這個角色。一旦你開始這樣思考自己和衣服的關係，會發現越來越了解自己和貼近自己，也會更遠離情緒性的衝動購物。

給「時尚咖」——重視你那不是時尚咖的朋友

如果你自己是時尚咖，通常身邊的閨密也是，彼此才能共同討論和比較各自的戰利品。譬如你一直追逐某個時尚品牌的限量單品，終於入手後，結果不懂時尚的男朋友看到說，這不就是一個普通的塑膠包包嗎？你很生氣，覺得對牛彈琴，根本懶得理他，心想你的朋友們都知道這有多難買。

但實行最美五套，五套衣服都要能符合你生活的各個場域，就如同你的語言需要大部分人都聽得懂，因此普羅大眾可以接受的美感是比較恰當的。因此時尚咖的人，這時就會需要時尚同溫層以外的「一般人」的意見。這個時尚標準應該是，讓不懂時尚的人也覺得很欣賞，是比較合宜的。如果你哪天穿搭出來，即使不是時尚咖的人也會對你說：「我不知道這什麼牌子，可是你這樣穿好好看。」那就比較接近理想的五套衣服的語言。

很多人買時尚品會問姊妹淘的意見，但不會問品牌素人，譬如先生可能也可以派上用場。我因為工作和生活接觸太多這類資訊，所以有時會問我先生覺得某個時尚品好看嗎？因為我想知道一般「時尚素人」的看法是如何？不是真的要他做決定，但我想聽看看一個非時尚角度的切入點是什麼。

像我先生因為在科技業工作，對品牌完全沒有研究，即使看過品牌也沒有任何印象（但如果你問他某個喜歡的作家過去十年的作品，他可以像球賽轉播一樣開始播報）。還好他對品質有敏感度，所以如果把兩個時尚品拿到他面前，他表示喜歡或不喜歡的意見一定非常「客觀」，完全沒有摻雜對品牌的價值評斷，因為根本不認識，所以這反而是優點。

因此生活周遭有些不是時尚同溫層的人，反而是很好詢問意見的對象，他們讓你可以理性看待自己的品味。

如果生活中有對你穿著毒舌的人，也是一個寶。

從小到大，母親在我出門前總是會側眼打量一下，之後就會下個眉批，眉批通常都非常毒辣到位，也非常好笑。少女時期，常常穿著很自豪的打扮出了房間，但走到門前突然被她的眉批笑岔了氣，於是又爬回去房間換衣服。如果當天我媽沒有下眉批，那應該就是還不錯。不知道是不是這樣，漸漸養成我走出門前，一定要在全身的穿衣鏡前再一次確定ＯＫ的習慣，雖然我早已不處在我媽的勢力範圍內。

有一天我身上的配色是當季的芥末黃加橘紅，正當我非常喜歡這個新色組合的時候，十歲的女兒看了一眼說：「請問薯條在哪裡？」我一時沒會意過來，過了兩秒才恍然大悟，原來她是指我像麥當勞薯條的蘸醬，當場顛覆我的時尚感，讓我笑倒在地上。又有一次，我穿著當季最流行全身薄荷綠上衣和褲子，她看著我說：「你知道嗎，你真的很像一條香水橡皮擦。」我又笑到不行。沒想到這種眉批能力居然隔代遺傳到女兒的身上，讓我馬上抽離而能夠從另一個角度看待流行現象。

所以時尚咖要檢驗五套衣服的時尚度是否合宜，也許可以趕快蒐集一下周圍時尚素人和毒舌的家人朋友的意見，把自己的服裝調整成讓大部分的人覺得很有好感度的語言。

給「時尚素人」——為什麼你要追求流行

我相信你的周遭，一定有覺得流行時尚和自己完全是平行線的人。難道追求流行時尚是必須的嗎？如果我們想要五套衣服為自己說正面的話，答案就是肯定的，讓我來告訴你為什麼。

也許你對時尚充滿了熱情，也許你對時尚毫不關心，但無論是前者或後者，都同樣影響了未來的流行趨勢。流行所代表的不只是圖案顏色，以流行預測的角度來說，「流行是文化的鏡子，反映出目前整體人類的文化社會脈動」，因此穿著中有「適當的流行感」是正面的。

有適當流行感的服裝會散發出一個訊息，代表你是一個對周遭感知敏銳的人。而你恰當地在服裝中顯露流行，是一種回應目前文化活動的溫度。表示你不但接收了四周變化的訊息，並且消化後恰當地放在適合自己的點上，這是一種優秀的能力。因此在開口之前，你的服裝已經無聲地散發出正面的訊息，讓人覺得你駕馭自己的生活游刃有餘，是個有魅力的人。

這樣說起來，那些擁抱並不停消費快時尚的人就顯得比較有能力嗎？那倒不是，「恰當」兩個字非常重要，當反映流行做得太過頭，呈現的是「時尚跑馬燈」狀態，很難形成個人風格，散發出來的訊息非常混亂，除非你的服裝有商業的目的和需求，不然會讓人覺得你接受到很多訊息，卻不知怎麼消化，造成反效果。

所以對於原本和時尚是平行線的人，在你的五套衣服中，務必想辦法和時尚有交集，也許適度地參考時尚咖的意見，觀察潮流趨勢，會是一個完美平衡。

5

穿上選好的衣服之後，該做什麼？

自我覺察——透過衣服，了解自己

長大的過程中，你一定都會有隨著身體成長而淘汰衣服的經驗。那些淘汰的衣服，我們稱作「穿不下」的衣服。「穿不下」這三個字，我腦子裡浮現的畫面，有已經長大的身體擠不進小小的衣服的窘境，浪費了一件衣服，感覺好像做錯事。

英文對小孩穿不下的衣服的說法是「grow out of the clothes」。每次講這句話，我腦中的畫面浮現出身體像樹苗一樣，因為發芽茁壯，所以已經長到衣服以外，感覺又長大了，好開心喔。

同一件事情，不同的說法強調了不同的觀點和情緒。我比較喜歡後者，因為衣服是沒有生命的，但人是有生命的，應該是衣服來配合人，而不是人去配合衣服。隨著身體改變，衣服當然也要隨著改變，好像寄居蟹長大要換殼一樣。

但不只是身體會成長或有高矮胖瘦的改變，隨著時間累積的經驗或是成熟度的增加，心理也會成長和改變。有次我到地下室整理雜物時，發現一大箱我的舊CD，一時興起放來聽，結果聽完後我丟掉了百分之九十。雖然與「過去」重逢很有趣，但那些歌已經不適合現在的我，十幾二十年後，我也已經「grow out of it」，成長超出那些CD的範圍了。有些歌被我留了下來，因為時間證明，它可能已經成為我的一部分，我也很高興有它繼續陪伴。

而我們不是一天之間，突然走到這一步。除了身體的變化顯而易見之外，我們的心情、品味、經歷隨著年歲流轉，也每一天都在改變，逐漸走到了我們現在的樣子。身體的改變容易覺察，心理的改變卻容易被忽略。尤其長大以後，身體不再長高（只有長胖），你不一定記得幫心理狀態已經改變的自己更換衣服。

大部分的人不是先覺察自己的變化，再為這樣的自己挑選衣服，反而是先挑選一件你覺得美麗的衣服，然後期待自己會喜歡和適應它，那就是有生命的人去配合沒有生命的物。但回去翻你擁有的衣服，如果某一件拿起來，你們之間的相處時間少之又少，那就是來自更深層的自己的回應，正在告訴你：你的選擇不夠貼近自己。

因此最美五套法則，是希望藉由更聚焦的方式，先想好你的生活場景，再依照你希望扮演的角色、呈現的樣貌去設想衣服。之後藉由和衣服有較長的相處，好好地觀察自己與衣服的關係，細細體會自己對衣服的感覺。每一個月，你必須重新篩選和決定，怎樣的五套衣服才是最貼合現在的你。

透過衣服和我們的對應，去了解自己的心理、身體和品味，之後才能正確地在流行中選擇適合自己的衣服。**而世界上，沒有比了解自己更重要的事。**

更新眼光，才能更新衣服

我們也許無法掌握這個資訊爆炸的世界，但每個月調整五套衣服，讓你有紀律地更新自己。這種自律，開始操作一段時間後，就會感覺生活越來越容易掌握，可以拿出自己美好的面向，把生活過成你想要的樣子。

我的女性朋友在心情不好時，常會說要去進行「購物療法」。買新衣服確實有立即被「更新」的感覺，但是很短暫，因為馬上又有更新的流行，讓你手上的衣服變舊了，於是你又去更新。當衣服本身變成最終目的，到手的時候當然就畫上句點，馬上又會重新追尋下一個目標。

比較能持久的「新」，應該是心理層面的感受，不斷地被啟發和更新的狀態。為這樣的自己挑選衣服，只是剛好「反映」了這樣的自己而已。當你的焦點聚集在所做的事情上，能反映你心情狀態的衣服只是讓你更開心，更有力量。

衣服應該是一個陪伴，而不是終點；是一個宣言，但不是事件本身。

每個月，藉由更新五套衣物，你真正要更新的其實是自己。而看見新的事物和自己，你需要新的「觀點」。

如何讓自己擁有嶄新的視野呢？這是我工作上時常在回答的

問題。

我的工作是流行預測分析師，為產業解說十八個月後的未來流行趨勢。在商品尚未設計之前，先幫設計團隊將該季藍圖畫出來，讓他們了解未來該季會發生的流行氛圍。就像手機軟體的定期更新般，我的工作就是每季「更新」產業設計師的腦中的作業系統，一旦升級成該季的作業平台後，就可以進入該季商品的設計企劃。也因此，大家都覺得我的百寶箱裡，一定有什麼神祕的工具，能夠時時更新自己的觀點，持續看到未來的方向。

這些問題除了出現在每次我工作演講的Q&A中，也出現在平常大家知道我職業的場合裡。有一次在波士頓的一個正式酒會，就是那種偌大的場地，大家穿著禮服拿著杯酒聊天的場合。言談間聊到我預測時尚趨勢的工作，講到一半我想去洗手間，結果剛剛聽我聊天的一群人居然一路尾隨著到廁所去。我說：「原地等我就好了，我等下會回來。」「喔不，我們怕你不回來，我還想知道如何看見趨勢，還是跟著你好了。」我可以感覺到大部分的人，對於如何更新自己的視野，都急切地想要了解。有時我會開玩笑說：「這是因為我有一個水晶球。」

但其實，你已經擁有水晶球，只是看你要不要使用而已。大部分未來會發生的事，目前都已經存在我們的生活中。如果你能夠打開感官，開始對四周的理所當然感到好奇，那你的獎賞就是一個全新的視野。有了新的觀點，你才會脫離自己原來的習慣，不斷改變和成長。唯有如此，你挑選的五套衣服才會豐富精彩，一次次都有更好選擇的可能。

接下來，我要介紹一些擦亮自己的水晶球的方法，讓你可以更新自己。因為唯有如此，你才會有嶄新的觀點，去更新五套衣服。

方法一：打破習慣的習慣

每個人都有習慣。當你要「更新」五套衣服的時候，第一個需要克服的問題，就是你的習慣。

如果要我形容「習慣」，我覺得它像一個柔軟又舒服的大沙發，讓你無可抗拒地陷入它的懷抱，當個沙發馬鈴薯，等你發現身材走鐘的時候，可能為時已晚。但不要急著去量體重，我指的不是你的身材，我指的是「習慣」這件事——它總是不知不覺地，就讓你安逸在熟悉的舒服場域裡，但哪兒也沒去。

在選擇衣服上，你一定有原本喜好的花色或樣式偏好。但五套衣服件數有限，因此有無新意非常重要。在選擇每個月的五套衣服時，務必保有「新」的空間。雖然每一個人對潮流趨勢的接受程度不同，但都無所謂，因為這不是和別人比較，是和過去的自己比較。只要對你自己而言，這是一個適合你的新嘗試就可以了。反映四周所接收的訊息，消化後更新自己。要每個月進行一次，操練越多次，技巧就會越好。

然而對抗習慣，要有新的眼光，才能挑到真正適合自己的「新衣服」。

由於我的工作，就是每一季負責「更新」產業對未來的想法，在這個架構下所有的設計才能展開。為了保持自己隨時在更新的狀態，因此我非常警醒自己的習慣。

習慣不只是行為，也包括思考，甚至包括累積的知識。當某件事做來已經很熟練，或有了技術或專業，固然可以說是自信的累積，但反過來也可能是阻礙進步的原因，因為你被困在慣性的思考中。而無法騰空記憶體去學習，成長和更新的機會就很小。因此如何讓自己的知識，是養分而不是阻礙，這點說起來簡單，做起來不容易。所以我自己刻意設了一個界線，當我覺得某件事變成我的習慣時，就會刻意地打破它。

當你很容易接受事物的規則，就不容易看到不同的風景，因此我刻意養成一個「打破習慣的習慣」。為了要訓練自己的思考模式，就不能分大事小事，而必須一致地呈現這種特質，所以在日常生活我也會盡量避免慣性思考。

之前分享我自學廚藝的方式，就是每天盡可能嘗試一個新的食譜作法，這其實就是在對抗自己的習慣。有一些日常事務，我知道每天可能都要面對，次數可以重複，但內容一定會想辦法變化，讓它不會變成習慣，而是有意識地學習。如果每天下廚的一個小時，我都更新自己，習得一個技巧，每天前進一小步，在一千個小時後，和原點就有很可觀的差別。但同樣時間，如果只是在「重複」做會做的事，習慣地去做，一千個小時後，學習的累積就很有限，也許速度快了些，但與原點的技術和觀點差異不大。

所以當我意識到我有「習慣」形成的跡象時，就會嘗試打破它。因為「習慣」會讓我停止學習，進入重複。而根據我的經驗，這有極大的好處，因為學習到某個程度後，你會發現學習新技巧或事物的速度會越來越快，因為你的腦子被訓練得非常活躍。

就我觀察，打破習慣最大的敵人是成功。

尤其當我們有些事情處理得很好，會想要重複一次這種感覺，不知不覺變成習慣。晚餐烹調拿手菜容易習慣，因為熟諳作法而不耗心力，家人又吃到喜歡的菜，這好像是雙贏，但這樣損失的是學習新菜的機會。在商業上，品牌和設計也會受到成功的誘惑，因為在某一季的設計，創造了輝煌的業績，而讓他們一直想複製類似的經驗，結果反而停止發揮創意，造成品牌或個人成長的阻礙。婆婆媽媽們的打扮會定格在某個年代的傾向，也因為那是她們最年輕貌美的階段。那是一個美好的經驗，深深烙印在她們的美感標準中，捨不得拋棄這個習慣，於是與現在的流行漸行漸遠。因此打破那個你感覺良好的習慣，就像離開那個誘人的沙發，必須有意識地抵抗才做得到。

方法二：好奇你不喜歡的事物

很多人問從事流行趨勢的分析，我都觀察什麼？其實我會花時間看我最「看不慣」的地方。

因為從事流行預測的工作，和一般專注在某樣商品的設計師不同，我必須客觀全面地看待趨勢。但人畢竟會有個人喜好，容易放大自己喜歡的事物而製造偏見，因此我在行為上刻意調整，特別會花時間在看不順眼的地方，平衡自己，讓感官中立，這樣確實能有效擴張自己的視野。

這個感覺就好像你穿襪子，如果有個線頭扎著腳，你大概會拿剪刀剪掉讓自己舒服一點。而我，可能會把那個線頭拿出來好好研究，這就是有無好奇心的差別。因為扎著你的就是一個新的概念和事物，由於不是我直覺喜歡的事物，需要好好咀嚼吸收後才能成為我的養分。唯有這樣，我才能持平地看待所有的趨勢，不被自己先入為主的觀念影響，進而看到清晰的軌跡。

無獨有偶，我很喜歡的作家麥爾坎．葛拉威爾（Malcom Gladwell），同時也是重量級的紐約時報記者，他的撰稿多屬於主題性的探討，撰稿前常需要進行深度採訪。他為了對抗自己的直覺喜好，也用了類似的方式。當他要採訪ABC三位對象，發現即使是客觀的採訪，三位訪談人一定會有和自己談話投機與否的程度差別，導致在撰稿時，容易採取較多談話最投機的那位受訪者的觀點。當他察覺後，為了對抗自己的習慣，在面對他原來談話最不投機的A（不是他直覺喜歡的對象），會刻意花最多的時間與他見面對談，了解對方所有的一切，而對於本來就相談甚歡的C，就採電話訪談。了解自己的偏好，用行為反向操作，才有可能跨越偏見，更新自己的視野，看到原本看不到的東西。

之前回台灣的時候，發現市面上有各種有趣的體驗和手作課程任君挑選。印象中以往只有為小孩打發漫長暑假才會有各種課程安排，但現在的課程提供對象，從年輕人、上班族到銀髮族都有，而且畫畫、品酒、泡咖啡、香氛、金工、木工、寫作等等，所有你想得到或想不到的課程都有人提供，很多課程雖然所費不貲，甚至還不容易訂到。就連在百貨公司裡逛街，也可以瞎拚一堂小孩或大人的手作體驗課。如果連講究坪效的百貨公司，都可以販賣這個服務，你就可以知道這個現象有多熱門，「學習」儼然是一種時興的全民運動。

我相信會去花錢學習的，一定都是你有興趣的事物，學習起來也相當愉快。但事實上以我的經驗，學習「喜歡」的東西，對於創意的刺激和觀察靈敏度的訓練所產生的幫助，還不如學習「不喜歡」的東西來得大。因為學習原本就喜歡的事物，你通常也已經具備這樣的特質，即使更多，可能也不會驟然改變你的觀點，只是同質性的增加。當你跨離舒適圈的腳步越大，你的更新回饋就越大。

因為那個「不喜歡」，正是你視野的死角。如果你願意挑戰去學習沒那麼喜歡的事物，每往前踏一步，你就擴張了自己的境界。

方法三：有意識地探索不相關的領域

永遠不要停止學習。我碰過太多聰明的人，在學習一樣東西前，就想要先搞懂學這個有什麼用？如果想不出學成有任何功利的目的，那就不浪費時間在這上面。甚至也有人問我，這東西是趨勢嗎？如果不是，那就不值得花力氣。

綜合這類的問題，我的答案只有一個。任何學習都有用，只要你學得夠好、夠透澈，所有看來不相關的領域學到最後，會發現道理都是相通的。但要夠好夠專心，才能心神領會。

能夠做好一件事，比隨便做十件來得強。

因為做好的那一件事也懂了其他九件事，反觀隨便做的十件事，看似做完，但一件也沒有懂。

能夠穿好五套衣服，比滿櫃子的衣服來得重要。

在不會做菜前，我以為煮食是很隨興的，在做過上千道中西菜餚後，我了解到所有的烹飪方式都是科學的道理，想要食物呈現某種特定味道，勢必先有某種化學反應，若要講究，都需要精準的節奏；稍有變化，就會有微妙的差異。而不同民族的烹調法，常常有異曲同工之妙，只是因為該地食材的不同，因應出看似不同的料理。整體來說，我好像學會了一個新的語言，掌握出許多的不同和雷同，因為終於有了技術，我可以用最少的食材，做最多的變化，最終這影響到我所有的日常飲食方式。

回想過去廚藝不精時，我冰箱滿滿都是食材，去買菜時看到什麼都想入手，但要下廚時常缺東缺西，又再採買，丟的和煮的量差不多。但現在我的冰箱進貨也只有七分滿，通常會將食材全部用罄，且菜色不重複，並且因為少樣，所以食材非常新鮮。管理起來也非常輕鬆，家人卻得到更大的滿足。

講到這邊，你有發現嗎？這和最美五套法則，不也是一樣的道理？

沒錯，我認為若你不斷地鍛鍊和追求，其實各種事物的道理都是接近的。但鍛鍊是精益求精，不是毫無意識地重複操作。所謂的精並不是天天吃大菜，也不是天天買名牌，而是如何將手上的食材發揮到極致，將服裝的價值發揮到最大。這樣所得到的滿足感，會比你用金錢買到的更大，因為是「你」讓這一切變得不同。

不同領域但道理互通，在園藝的世界中，也是一樣的令我驚奇。我在育苗的時候，由於有些苗長得歪歪倒倒，讓我非常氣惱，於是想到一個妙法，全部用小牙籤扶正，看起來一排非常整齊。我太佩服自己了，興奮地打電話告訴農業專家——我爸（我爸是柏克萊的生態農業專家，數十年來都在解決各種農業問題）。他聽到後只淡淡地說：「喔，那應該活不了。」

我不信邪，明明苗長得又快又高，怎麼會活不了。結果，過一陣子有場小小的風雨，我去查看的時候苗就全死光了。我又打了電話給我爸：「好吧，告訴我為什麼？」我爸說：「因為被你牙籤撐住的芽，從小就不是靠自己站起來的，所以根都很弱，輕輕一碰就倒了。你要讓它自己的根往下找水源站穩，才有可能撐過風雨。」

這讓我想到電影《侏儸紀公園》中，著名的台詞「Life will find its way out.」（生命會找到自己的出路）。因為我的強力介入，阻擋了苗找到自己的出路，結果變成死路一條。原來，養植物的道理居然和養孩子是完全一樣的。自己經驗過後，開始敬畏地看待每一株生命。

你有沒有聽過某些專業人士談論自己擅長的知識時，會讓聽者直接「遁入空門」？當你在專業裡鑽研，但對其他的領域沒有太多涉獵時，封閉的知識很容易變成和外界溝通的障礙。其實探討其他看起來毫無相關的領域，絕對不是浪費時間，反而會激發原領域原本沒有的直接或間接創意。

我最喜歡的音樂家之一是馬友友。聽馬友友談音樂是一件非常享受的事情，因為他總是可以跳脫音樂來和你談音樂。評論家認為馬友友比一般的音樂家更為兼容並蓄。他音樂的特殊性，正因為他擁有廣泛的興趣。有音樂神童稱號的他，從小就已經在音樂界成名，但大學卻拒絕繼續在音樂領域深造，反而進入哈佛大學就讀。據說就讀時，他修的課程五花八門，從人類學到德國文學都有，這和音樂看起來好像沒有什麼直接的關係，但我相信正是因為這樣廣泛的興趣和好奇心，最後再度回到音樂時，這些經歷讓他呈現了更多的生命力，這是和其他單純追求音樂表現的藝術家非常不同的的地方。

他的很多的作品，運用不同的角度去體驗音樂，包含各種跨領域的合作，這就是一種創意。據他分享，許多激發他創意的原點都在音樂之外的生活當中，譬如他和一個八年級老師聊天，對方提到「edge effect」（邊緣效應）的概念，他深感興趣，結果啟發他設立「絲路樂團」，進行跨界的音樂合作。對不相關領域充滿興趣的人，靈感和創意俯拾皆是。

不同領域中的相通道理，讓我們從不同的角度去體驗事物的不變法則，於是我們變得更圓融，更理解這個世界。假設你在某一個領域已經有專業，如果能夠去探求其他你不熟悉的領域，通常反差越大收穫越大，你會更激發許多不同的火花，以及更好的創意。

擦亮水晶球練習

1. 挑戰一個自己的習慣，讓自己不習慣，讓自己用不同於以往的方式去處理它。
2. 對直覺不喜歡的事物，先不要帶批判的角度看它，也不要跳過，而是試著去了解它。

3. 嘗試做一件你原本沒那麼有興趣的事，甚至是原本討厭的事。

4. 好好地學習一樣東西，不要計較有沒有用，但規律持續地學習。

以上的改變，無論有多微小，如果持續下去，就會有滴水穿石的效果，每個月回頭觀察自己的時候，會看到自己的成長，感受到自己觀點的改變。成功不需要一次跨大步，但需要小步規律地一直前進。就像五套衣服，持續地每月更新。如果你有書寫的習慣，甚至可以記錄自己每天的突破。這樣的你，不容易被原有的喜好箝制，你會看到一個之前沒有看到的世界，開始有和以往不同的看法和見地。這就是你擦亮的水晶球。

擁有了不同眼光的你，才會慢慢將視線跳出習慣的方向，為自己選擇衣物。更新自己的五套衣服，就像植物長出新芽，你也從你的習慣蛻變，比較容易展現出不同以往的樣貌。如果你這樣檢視自己，更新會越來越順手，年紀漸長，心理和外表卻能與時俱進。

就是所羅門極榮華的時候，他所穿戴的，還不如這一朵花

多年前，我們舉家遷移到美國東岸人文薈萃的普林斯頓，方便工作往返紐約和費城兩個大都會。不同於美國其他州的大山大水，這裡的景色和建築像精緻的小歐洲，許多學術交流在此進行。在普林斯頓的美妙是，你可以一下走在森林中，一下就又走入文化的殿堂。這裡的美術館館藏驚人，從法國塞尚到王羲之的真跡都可見。村上春樹都曾出書，記錄他在此當交換學者時，所觀察到普林斯頓特殊的人文特色。

搬家到普林斯頓的那天是晚上，當車子抵達新家門前時，我愣住了。因為之前看房時都是白天。這時在夜中放眼所及一片漆黑，連路燈都沒有，而且安靜得不得了，習慣燈火通明都會生活的我，覺得自己突然掉到了一個無底黑洞裡，這樣的寂靜黑夜讓我感到驚慌。

後來才明白，是因為我長久被都市的人造燈光豢養，所以失去了視力的敏感度，才會一時不習慣而眼盲。夜晚其實很明亮，月光不但灑滿了樹梢，還可以看到滿天星斗，整城關掉了燈光，我才看到，原來地球長得這麼漂亮。而夜晚也不是寧靜的，總有風吹樹葉的沙沙聲，或是蟲鳴甚至小動物穿過樹叢的聲音，夜晚開車的時候，我還要小心結伴的鹿群，怕牠們有可能看到突然的車燈驚慌而亂竄。

每一天當我打開大門，像是宮崎駿動畫中霍爾的城堡般，總是驚奇大自然從來沒有重複過它的樣貌。冬天的閃亮雪景，春天的綠意盎然，秋天的濃郁色調，夏天的百花齊放。甚至，春夏秋冬每年都造訪，卻沒有一年是相同的景色。葉子永遠在變換顏色，不同品種的花像鞭炮般此起彼落輪流綻放。這時我才了解都市的景象，原來才是單調的，大自然其實一直都在變動中。即使是流行的快時尚，也比不上大自然的變化。

如果你沒有一整片森林，一株植物也會改變你的心情。

在過去一整年的新冠疫情裡，全美國驟然進入全體被禁足的生活，失去的部分，三天三夜也寫不完，但當中也有意外的獲得，像是單身的人獲得「獨處」的時間，或是有家庭的人獲得和家人「共處」的時間。這樣的獲得，一開始還覺得新鮮或苦中作樂，當時間一久，被迫長期無選擇地處於「獨處」或「共處」時，壓力和沮喪就油然而生。也因此美國的心理諮商需求暴增了百分之七百。面對這種人類集體沮喪的狀況，再多的心理諮商資源也不夠用。

然而也因此，大家不約而同地發現，原來最好的解決方式，居然是邀請植物一起生活，共處一室。在南韓，政府在疫情期間，提供隔離者小植栽，讓隔離者獲得安慰陪伴。在紐約，由於寸土寸金，很多單身者租的居住單位都非常地狹小，甚至可能是地下室。太平盛世的時候，很多人覺得自己都在外面活動，回來只是休息，對住處的狹隘不以為意。但因突發的疫情被迫長時間關在這麼狹小的空間，簡直難以接受，許多這樣的獨居者，最後居然都在一個個盆栽裡得到救贖。與一盆植物一起生活，看著它成長，可以感受到另一個生命的陪伴，更神奇的是，一顆種子就可以讓你改變心境和充滿能量。

疫情開始後，手邊剛好有我女兒之前因為活動帶回家，幾杯埋在土壤中的香料種子。在工作的空檔，我把它們拿到窗台前，每天看著，調整陽光照射的方向，用手指測試土壤濕度，只差沒向它們噓寒問暖，最後長出綠芽，我開心得不得了。自從綠意鑽出土壤後，我每天睡醒的第一件事就是去看它們今天長高了多少，最後我有了小小香草花園，也解決了疫情期間不方便採購食材的問題。

經過這個鼓舞，我開始尋找家中其他的種子，接著又把閒置兩年的種子，種成比我還高的豔麗花叢。我驚訝這麼巨大的能量和生命力，原本只躺在抽屜裡佔著小小紙袋的空間。看到能量綻放的過程，我也感到充滿希望。

因為育苗，讓我發現近距離觀察一棵植物，有大開眼界的感覺，大自然好像永遠有挖掘不完的寶藏和驚奇。於是，我開始好奇地和花朵進入一對一的關係。疫情期間為了放風，我們全家開發了許多較少人走的森林路徑。我一路都會用眼睛蒐集著各種花朵的顏色組合，除了放眼欣賞滿山遍野的景色，還會用手機鏡頭放大觀察每一朵花，當中配色新穎和形體繁複完全超乎我的想像。原來所有我們的流行新色，根本跳脫不出上帝的配色，各種顏色組合搭配在花朵間早已存在。

而花朵顏色的變化，甚至都是瞬間的短暫。當下如果沒有拍，明天再回到小徑，顏色已改變，比流行的停駐還短暫。而花朵不只是盛開時美麗，一朵花在每個時期都有不同顏色的美感。連進入秋冬後的植物，乾枯後都有如靜態的雕塑，枝幹都凝結在不同的瞬間，每一株都是不同的色調，大自然從不重複。

自從我了解植物的變化如此細緻，雖然後院裡有各種花叢，我仍然在屋子裡保有可以對望的花朵盆栽或是花束，因為這樣緊密地與花相處，才不會錯過花的各種姿態。不論多微小的花，沒有一天顏色是相同的。當我從色彩角度切入大自然，從來沒有一朵花讓我失望過。

我不斷從花朵配色中看到令人驚豔的畫面，如同流行季節中顏色的蛻變。我從一朵花得到的色彩啟發比任何一個人工景致都來得多。聖經上說：「就是所羅門極榮華的時候，他所穿戴的，還不如這一朵花。」（馬太福音6:29）事實上每一季在介紹新的流行概念時，都常和大自然有關，許多配色參照常運用花朵的圖片來表示，因為大自然中才擁有最多原創的設計。如果你想培養自己對色彩的美學概念，擁有更好的選色搭配能力，大自然絕對是你取材學習的對象。在生活中學習照顧一棵植物，朝夕相處，你會看到一整個美麗的世界。

英國詩人布萊克（William Blake）有名的四行詩中形容「在一朵花中，得見天堂」。如果你夠聚焦，才能放大眼界。這也是我希望五套衣服給你的，是更少的件數，更貼近的自己，和更寬廣的世界。

國家圖書館出版品預行編目 (CIP) 資料

「最美五套」質感人生穿搭：流行預測師的低管理高時尚法則，小衣櫥就能讓你美翻了 /Emily Liu 著. -- 初版. -- 臺北市：遠流出版事業股份有限公司, 2021.06
面； 公分
ISBN 978-957-32-9112-1(平裝)
1. 女裝 2. 衣飾 3. 時尚

423.23 110006849

「最美五套」質感人生穿搭

流行預測師的低管理高時尚法則，小衣櫥就能讓你美翻了

作　　者｜Emily Liu
總 編 輯｜盧春旭
執行編輯｜黃婉華
行銷企劃｜鍾湘晴
美術設計｜王瓊瑤

發 行 人｜王榮文
出版發行｜遠流出版事業股份有限公司
地　　址｜台北市中山北路 1 段 11 號 13 樓
客服電話｜02-2571-0297
傳　　真｜02-2571-0197
郵　　撥｜0189456-1
著作權顧問｜蕭雄淋律師
ISBN｜978-957-32-9112-1

2021 年 6 月 1 日初版一刷
2021 年 8 月 13 日初版二刷
定　　價｜新台幣 370 元
（如有缺頁或破損，請寄回更換）

YLib.com 遠流博識網
http://www.ylib.com
Email: ylib@ylib.com